理工系のための
実践的微分方程式

山田直記●田中尚人◆共 著

学術図書出版社

はじめに

本書は，先に著した『理工系のための実践的微分積分』の姉妹編として，主に理工系学部の 2 年生が半期の講義で微分方程式を学習するためのテキストとして編まれたものです．

——学生諸君に——

微分方程式の知識は，自然科学や社会科学の諸現象を数理的に記述し，解析する際の最も基本的な概念であり，それに習熟することが専門分野の如何に関わらず求められています．そこで，本書ではできるだけ複雑な積分計算を避けつつ，微分方程式から解を求めることを実感し，現象との関係を考えるきっかけとなるように配慮しました．

まず第 1 章では微分の計算を通じて，関数とその導関数のみたす関係式として微分方程式に親しんだ後，実際の現象がどのように微分方程式で記述されるかを丁寧に述べました．取りあげた現象は様々でも，導かれる微分方程式が共通の形をしていることを知れば，現象を記述する普遍的な言語としての微分方程式の重要性が認識されるでしょう．続いて第 2 章では線形微分方程式を取りあげ，解の求め方を解説します．問題を数多く解くことで，実際に解を求める実感を会得してほしいものです．

第 3 章では，連立微分方程式を取りあげ，線形代数の知識を用いて，解を求める方法を紹介します．また，相平面に解を表す曲線を描いて，解の挙動を目に見える形で表す方法にも言及します．第 4 章では線形でない微分方程式として，変数分離形の微分方程式の解法を述べます．さらに，微分方程式の表すベクトル場を導入し，解との関係を考察します．この考察によって，近似解を構成するアルゴリズムを理解することができ，コンピュータを用いた数値解法の基本的なアイデアを学ぶことができます．

付録として KNOPPIX/Math の CD-ROM を添付しました．これは，CD から起動できる Linux の一種です．微分方程式の解を数式で表せる maxima や数値解を求める Octave を用いて，本書の内容に沿った解法やベクトル場の描画などができるよう簡単な使用法を第 6 章にまとめました．授業での紹介は時間の都

合でできないかも知れませんから，各自で試してみることをお勧めします．

——先生方に——

微分方程式の講義は1階正規形の変数分離形方程式から始めるのが伝統的な順序です．しかし，そのように講義を始めると，解を実際に求めるには複雑な積分計算が避けられず，その積分計算に労力を費やし，埋没してしまい，微分方程式の本来の意味を見失う学生が多く見受けられます．

本書では，線形微分方程式の解を求めることに重点を置き，1階正規形微分方程式は，ベクトル場での積分曲線として視覚的に捉えることを重視しました．KNOPPIX/Math の CD-ROM を付録に添付してコンピュータでの解法を自宅でも試してみることができるよう試みたのも，その現れです．

半期の講義では，第1章から始めて，第4章まで講義されることを想定し，シラバスに対応するよう節ごとに講義回数の目安を記入しました．

——そして皆さんに——

第5章では，講義時間の関係から，講義中には述べられないような話題からいくつかを選んで記述しました．講義内容をさらに深く学ぶときの参考になるでしょう．

このような考え方で，従来とはかなり異なる叙述を試みましたので，説明の順序や方法に不十分な点があったり，独りよがりな点があると思われます．講義で利用して下さる担当者や学生の皆さんのご批判やご叱正を期待しています．

添付した KNOPPIX/Math の CD-ROM の制作は，同僚であり，KNOPPIX/Math Project のメンバーである濱田龍義助教によるものです．制作だけでなく利用法についても多くのご教示を頂きました．ここに深く感謝致します．

また，これまでに多くのご意見を頂いた先生方や，図版の調整，CD-ROM の添付などいろいろな無理をお聞き頂いた出版社の皆様にも感謝致します．

2007 年 10 月

著者一同

目　次

第 1 章　微分方程式と自然科学　　　　　　　　　　　　　　　　　1
  1.1　微分方程式を実感する (第 1 講) . . . . 　1
  1.2　現象を微分方程式で表現する (第 2 講) . . . . 　5
  1.3　演習問題 (第 2 講) . . . . 　13

第 2 章　線形微分方程式　　　　　　　　　　　　　　　　　　　　　16
  2.1　1 階線形微分方程式 (第 3 講) . . . . 　16
  2.2　定数係数 2 階線形微分方程式 (第 4 講) . . . . 　21
  2.3　線形微分方程式の解の構造 (第 5 講) . . . . 　24
  2.4　非斉次方程式の解法 (第 6 講) . . . . 　28
  2.5　演習問題 (第 7 講) . . . . 　33

第 3 章　連立微分方程式　　　　　　　　　　　　　　　　　　　　　36
  3.1　連立微分方程式と 2 階線形微分方程式 (第 8 講) . . . . 　36
  3.2　連立微分方程式の解法 (第 9 講) . . . . 　39
  3.3　相平面 (第 10 講) . . . . 　43
  3.4　演習問題 (第 10 講) . . . . 　50

第 4 章　ベクトル場と微分方程式　　　　　　　　　　　　　　　　53
  4.1　変数分離形微分方程式 (第 11 講) . . . . 　53
  4.2　積分曲線 (第 12 講) . . . . 　55
  4.3　折れ線近似と数値解法 (第 13 講) . . . . 　57
  4.4　演習問題 (第 14 講) . . . . 　62

第5章 発展的な話題　　63

5.1 変数係数2階線形微分方程式 63

5.2 微分演算子による特解の求め方 74

5.3 連立微分方程式(再訪) 81

第6章 コンピュータによる解法　　86

6.1 KNOPPIX/Math について 86

6.2 Maxima による微分方程式の解法 88

6.3 Octave による微分方程式の解法 99

付　録A　解答　　109

索　引　　118

第1章

微分方程式と自然科学

1.1 微分方程式を実感する (第1講)

微分の公式を利用して，関数とその導関数の間にいろいろな等式が成り立つことが確かめられる．このことは，本書の姉妹編『理工系のための実践的微分積分』でも学んだ．

例題 1.1.1 $u(t) = e^{-kt}$ とすると，$u' = -ke^{-kt}$ であるから，$u = e^{-kt}$ は，関係式 $u' + ku = 0$ をみたしていることがわかる．

例題 1.1.2 $u(t) = \sin\omega t$ とすると，$u' = \omega\cos\omega t$ であり，$u'' = -\omega^2\sin\omega t$ である．このことから $u = \sin\omega t$ は，関係式 $u'' + \omega^2 u = 0$ をみたしていることがわかる．

定義 1.1 関数 $u(t)$ について，その導関数を含んだ関係式を，**微分方程式**という．微分方程式をみたす関数を，その微分方程式の**解**という．例題 1.1.2 の微分方程式は 2 階導関数を含んでいるので 2 階微分方程式という．これに対し，例題 1.1.1 の微分方程式は，1 階微分方程式である．

本節では，与えられた関数が微分方程式の解になっていることを確かめよう．
複素数の**指数関数** e^{it} を

$$e^{it} = \cos t + i\sin t \tag{1.1}$$

と定義する．ここで，i は虚数単位で，$i^2 = -1$ が成り立つ．

この導関数も，これまでの指数関数と同じで，i を定数と考えて計算できる．すなわち，$(e^{it})' = ie^{it}$ である．これを用いると三角関数の計算が便利になる．

例題 1.1.3 (例題 1.1.2 再訪) $u(t) = e^{i\omega t}$ とすると，$u' = i\omega e^{i\omega t}$ であるから，$u'' = i^2\omega^2 e^{i\omega t} = -\omega^2 e^{i\omega t}$ である．このことから $u = e^{i\omega t}$ は，関係式 $u'' + \omega^2 u = 0$ をみたしていることがわかる．複素数の実数部分と虚数部分がそれぞれ 0 であることから，$u_1 = \sin\omega t, u_2 = \cos\omega t$ の 2 つの関数が同じ微分方程式 $u'' + \omega^2 u = 0$ の解であることが得られる．

例題 1.1.4 関数 $u(t) = e^{-t}\sin t$ は，微分方程式 $u'' + 2u' + 2u = 0$ の解であることを示せ．

解 $u' = e^{-t}(\cos t - \sin t), u'' = -2e^{-t}\cos t$ であるから，微分方程式に代入すると $u'' + 2u' + 2u = 0$ である．

次に，右辺が必ずしも 0 とは限らない微分方程式の例を挙げる．

例題 1.1.5 関数 $u(t) = e^{-t}\sin t - \dfrac{2}{5}\cos t + \dfrac{1}{5}\sin t$ は，微分方程式 $u'' + 2u' + 2u = \sin t$ の解であることを示せ．

解 $u_1(t) = e^{-t}\sin t$ については，例題 1.1.4 から $u_1'' + 2u_1' + 2u_1 = 0$ である．一方，$u_2(t) = -\dfrac{2}{5}\cos t + \dfrac{1}{5}\sin t$ については，

$$u_2' = \frac{2}{5}\sin t + \frac{1}{5}\cos t, \qquad u_2'' = \frac{2}{5}\cos t - \frac{1}{5}\sin t$$

より，$u_2'' + 2u_2' + 2u_2 = \sin t$ が成り立つ．$u(t) = u_1(t) + u_2(t)$ であるから，

$$u'' + 2u' + 2u = (u_1'' + 2u_1' + 2u_1) + (u_2'' + 2u_2' + 2u_2)$$
$$= \sin t$$

となり，$u(t)$ が与えられた微分方程式の解であることが確かめられた．

問題 1.1.1 次の関数が，与えられた微分方程式の解であることを確かめよ．ただし，A は定数とする．

(1) $u(t) = A\cos t$ $\qquad\qquad\qquad u' + \tan t\, u = 0$

(2) $u(t) = A\cos t + t\cos t$ \qquad $u' + \tan t\, u = \cos t$

(3) $u(t) = Ae^{\frac{1}{t}}$ \qquad $u' + \dfrac{u}{t^2} = 0$

(4) $u(t) = \dfrac{A}{t} + \dfrac{t^2}{3}$ \qquad $u' + \dfrac{u}{t} = t$

問題 1.1.2 次の関数が，与えられた微分方程式の解であることを確かめよ．ただし，A, B は定数とする．

(1) $u(t) = A\sin t + B\cos t + \sin t - t\cos t$ \qquad $u'' + u = 2\sin t$

(2) $u(t) = Ae^{-t} + Be^{2t} + 1 - 2t$ \qquad $u'' - u' - 2u = 4t$

(3) $u(t) = (At + B)e^{3t} + \dfrac{1}{4}e^{-3t}$ \qquad $u'' - 6u' + 9u = 9e^{-3t}$

(4) $u(t) = Ae^{-t}\sin 2t + Be^{-t}\cos 2t + \dfrac{2t-1}{4}e^{t}$ \qquad $u'' + 2u' + 5u = 4te^{t}$

次の例題は，有名な微分方程式とその解である．

例題 1.1.6 $n = 1, 2, 3, \cdots$ に対して $u_n(t) = e^t \dfrac{d^n}{dt^n}(t^n e^{-t})$ で定義される多項式を**ラゲールの多項式**という．これは微分方程式 $tu_n'' + (1-t)u_n' + nu_n = 0$ をみたすことが知られている．ここでは，$n = 1, 2, 3$ に対して $u_n(t)$ を具体的に求めて微分方程式をみたすことを確かめよう．

解 積の微分に関するライプニッツの公式より，ラゲールの多項式は

$$u_n(t) = e^t \dfrac{d^n}{dt^n}\left(t^n e^{-t}\right)$$

$$= e^t \sum_{k=0}^{n} \binom{n}{k} \dfrac{d^{n-k}t^n}{dt^{n-k}} \dfrac{d^k e^{-t}}{dt^k}$$

$$= \sum_{k=0}^{n} \binom{n}{k} \dfrac{(-1)^k n!}{k!} t^k$$

と求められる．$\binom{n}{k}$ は n 個の異なるものから k 個をとる組み合わせの数を表す 2 項係数で，$\binom{n}{k} = \dfrac{n!}{k!\,(n-k)!}$ である．

$n = 1, 2, 3$ のときには,それぞれ,
$$u_1(t) = -t + 1$$
$$u_2(t) = t^2 - 4t + 2$$
$$u_3(t) = -t^3 + 9t^2 - 18t + 6$$
と求められる.これらを実際に微分して,代入すると

$n = 1$ のときには,$tu_1'' + (1-t)u_1' + u_1 = 0$

$n = 2$ のときには,$tu_2'' + (1-t)u_2' + 2u_2 = 0$

$n = 3$ のときには,$tu_3'' + (1-t)u_3' + 3u_3 = 0$

をみたすことが確かめられる.

一般の場合に微分方程式をみたすことは,§5.1.1 で証明を与える.

問題 1.1.3 $n = 1, 2, 3, \cdots$ に対して,$u_n(t) = (-1)^n e^{t^2} \dfrac{d^n}{dt^n}\left(e^{-t^2}\right)$ で定義される関数を**エルミートの多項式**という.$n = 1, 2, 3$ の場合にエルミートの多項式 $u_n(t)$ は,微分方程式 $u_n'' - 2tu_n' + 2nu_n = 0$ をみたすことを確かめよ.なお,一般の場合に微分方程式をみたすことは,§5.1.2 で証明を与える.

これから用いる用語をまとめておく.ほとんどはこれまでにも用いているし,常識的に用いる言葉の意味と同じである.必要に応じて参照すればよいであろう.

t の関数 $u(t)$ とその導関数 $u'(t), u''(t)$ などに関する関係式を,u を未知関数とする**微分方程式**という.微分方程式が,未知関数 u の 1 つの変数 t に関する導関数のみを含むとき**常微分方程式**,u が 2 つ以上の変数をもつ関数で,それらの関する偏導関数の関係式になっているとき,**偏微分方程式**という.今後は,常微分方程式のみを考察する.

微分方程式に含まれる導関数の階数に応じて,1 階微分方程式,2 階微分方程式などという.微分方程式をみたす関数を**解**という.ある関数が解であるかどうかは,§1.1 で練習したように,実際に代入して計算してみればわかる.与えられた微分方程式から未知関数を求めることを,微分方程式を**解く**,という.

定数 C について
$$(u(t)+C)' = u'(t)$$
であることから推測されるように，微分方程式の解は，一般に，任意の値をとれる定数を含んでいる (どのように含んでいるかは，微分方程式によって様々である)．任意にとれる定数を含み，すべての解を網羅するように表された解を**一般解**，ある条件をみたすような特別の解を**特解**，あるいは**特殊解**という．

§1.2 で述べるように，微分方程式は具体的な現象と深く結びついているので，すべての解を表す一般解を求めることと同時に，現象として意味のある条件の下での特殊解も重要である．

t が時間変数を表すとき，ある時刻 $t=t_0$ での条件をみたす解の考察が，現象の観測と結びついてたいへん重要である．実際には $t_0=0$ ととることが多い．このような条件を**初期条件**といい，初期条件をみたす解を求める問題を，**初期値問題**という．

また，$u(x)$ が位置 x での変位を表す関数であるときなどでは，x の区間の両端での $u(x)$ の値が重要になることもある．このような条件を**境界条件**といい，境界条件をみたす解を求める問題を，**境界値問題**という．

1.2　現象を微分方程式で表現する (第2講)

この節では，具体的な現象が微分方程式を用いて記述できることを紹介する．自然科学や工学だけでなく，社会科学に関する多くの問題も，微分方程式を用いて記述できる．それぞれの専門分野の講義でも，すでに微分方程式が登場していることであろう．多くの例を挙げるが，少なくとも各自の専門分野に近い内容の例と，もう1つ別の分野の例を読み，異なる現象が同じ微分方程式で記述できる様子を確認して欲しい．

例題 1.2.1 (放射性元素の崩壊)　放射性元素は，崩壊して別の元素に変化していくが，その時間的な変化の割合は，現在の元素量に比例することが知られている．時刻 t での放射性元素の量を $u(t)$ とすると，その変化の割合は $u'(t)$ であり，比

例定数を a とすると，放射性元素の崩壊の法則は

$$u'(t) = -au(t) \tag{1.2}$$

と表される．これは $u(t)$ を未知関数とする微分方程式である．右辺の係数がマイナスであるのは，崩壊して物質量が減少していくことを表している．この関係式から $u(t)$ を求めれば，時刻 t における物質の量がわかる．この理論は，考古学資料の年代推定にも利用されている． ∎

例題 1.2.2 (エネルギーの減衰) 光のエネルギーは，一定の厚さのガラス板を通過するごとに，ある定まった比率でそのエネルギーを失っていく．窓ガラスに遮光フィルターを貼るごとに，室内がどんどん暗くなっていく現象が，これにあたる．ガラス板の厚みを ℓ とし，ガラス板を1枚通過するごとにエネルギーの減少率が a と計測できたとすると，単位厚みあたりのエネルギーの減少率は $\dfrac{a}{\ell}$ である．ガラス板の厚さ x を変数とし，$e(x)$ を厚さ x のガラス板を通過した後のエネルギーとすると，その減少率について

$$e'(x) = -\frac{a}{\ell}e(x) \tag{1.3}$$

が成り立つ． ∎

例題 1.2.3 (複利預金) 元金 A_0 を年利率 r で，1年間を n 期間にわけて複利預金したとする．k 期間後の元利合計 A_k は，$A_k = A_0\left(1 + \dfrac{r}{n}\right)^k$ である．t を (年を単位とする) 連続的な時間変数とし，t での元利合計を $S(t)$ と表す．t 年間は期間が nt 回だから，元利合計は $S(t) = A_0\left(1 + \dfrac{r}{n}\right)^{nt}$ であり，さらに1期間 $\left(\text{すなわち } \dfrac{1}{n} \text{ 年}\right)$ 過ぎると，元利合計は

$$S\left(t + \frac{1}{n}\right) = S(t)\left(1 + \frac{r}{n}\right) = S(t) + \frac{r}{n}S(t)$$

となる．したがって，

$$\frac{S\left(t + \frac{1}{n}\right) - S(t)}{\frac{1}{n}} = rS(t)$$

が得られる．ここで $n \to \infty$ として連続的に複利計算すると考えると，
$$S'(t) = rS(t)$$
が成り立つ．

例題 1.2.4 (バクテリアの増殖) 容器の中でのバクテリアの増殖率は，バクテリアの総量に比例すると考えられる．一定の比率のバクテリアが分裂あるいは交配し，繁殖していくと考えられるからである．時刻 t でのバクテリアの総量を $u(t)$ とすると，このような増殖の様子は
$$u'(t) = ku(t) \tag{1.4}$$
で表される．

ここまでの例題 1.2.1, 1.2.2, 1.2.3, 1.2.4 で取り上げた現象は，すべて
$$u'(t) = au(t) \tag{1.5}$$
という形の微分方程式で記述されている．この微分方程式の解法については，2.1 節で解説する．

例題 1.2.5 (ニュートンの運動方程式) 関数 $u(t)$ が時間変数 t により点の位置を表す運動を記述しているときには，導関数 $u'(t)$ が速度，2 階導関数 $u''(t)$ は加速度を表している．力学の基本法則であるニュートンの運動法則は，「物体の受ける力 F は，加速度と質量 m の積に等しい」と述べられるから，
$$F = mu''(t) \tag{1.6}$$
と表される．

たとえば，水平な机の上で，一端が固定されたバネに結ばれた質点 (おもり) が受ける力 F は，フックの法則から，バネののび (ちぢみ) に比例する．時刻 t での，質点のバネのつりあいの位置からの変位を $u(t)$ と表し，質点の質量を m とし，摩擦が働いていないとすると，バネ定数 $k > 0$ により
$$mu''(t) = -ku(t)$$

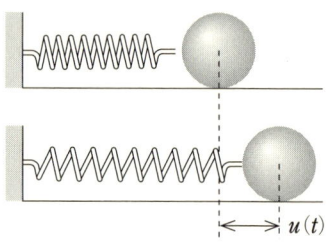

図 1.1 バネの運動

と表される．したがって，質点の運動は，微分方程式

$$mu'' + ku = 0 \tag{1.7}$$

によって記述される．さらにこの運動に，速度に比例するような摩擦力 $-cu'(t)$ が働けば，方程式は

$$mu'' + cu' + ku = 0 \tag{1.8}$$

となる．$c > 0$ を減衰定数と呼ぶ．また，この運動に，強制的に外力 $f(t)$ を加えると方程式は

$$mu'' + cu' + ku = f(t) \tag{1.9}$$

となる．観測を始めた時刻を $t = 0$ として，初期変位 $u(0) = u_0$，初期速度 $u'(0) = v_0$ を知り，その後の質点の運動を知りたいものである． ∎

例題 1.2.6 (電気回路) 電気回路に関するキルヒホッフの法則は，「任意の閉回路に沿ってのすべての電圧降下の総和は 0 である」と述べられる．抵抗，コイル，コンデンサがつながれた電気回路を流れる電流の強さ $I(t)$ を考えよう．変数 t は時刻を表す．抵抗の大きさを R，コイルのインダクタンスを L，コンデンサの容量を C とすると，$Q(t) = \int I(t)\,dt$ を導入し，それぞれの部分での電圧降下を考えて，$Q(t)$ に対する微分方程式

$$L\frac{d^2Q}{dt^2} + R\frac{dQ}{dt} + \frac{1}{C}Q = 0$$

が成り立つ．外部から電圧 $f(t)$ が供給されているなら

$$L\frac{d^2Q}{dt^2} + R\frac{dQ}{dt} + \frac{1}{C}Q = f(t)$$

が成り立つ．$Q(t)$ は電荷を表している．$Q'(0) = I(0) = i_0$, $Q(0) = q_0$ をそれぞれ初期電流，初期電荷として与えると，この回路に流れる電流 $I(t)$ が $I(t) = Q'(t)$ から求められる．

例題 1.2.7 (梁のたわみ) 両端が水平に固定された，長さ ℓ の梁 (棒) に一定の力 F がかけられて梁がたわむ様子は，力のつりあいにより，次のように記述される．梁の形を表す曲線を $y(x)$ とする．梁の横断面の中心線に関する慣性モーメントを I とする．

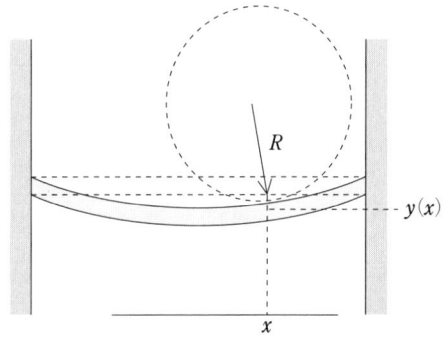

図 **1.2** 梁のたわみ

変型された梁の曲率半径を R，曲げモーメントを M とすると

$$\frac{EI}{R} = M$$

が成り立つことが知られている．ここで，E はヤング係数で，EI は曲げ剛性である．曲率半径は曲線の曲がり方を円の半径で表したもので

$$R = \frac{(1+(y')^2)^{\frac{3}{2}}}{y''}$$

と表されるが，変位が小さいと仮定すると，近似式

$$R = \frac{(1+(y')^2)^{\frac{3}{2}}}{y''} \approx \frac{1}{y''}$$

が成り立つ．さらに，今の場合 $M = -Fy$ であるから

$$EI\frac{d^2y}{dx^2} = -Fy$$

が得られる．変数が時刻のときには初期条件が自然な付加条件であったが，ここでは，固定端における変位がなく，水平に保たれていることを考慮すると，境界条件

$$y(0) = 0, \qquad y(\ell) = 0$$

が自然な付加条件となる．

例題 1.2.8 (生物の競争モデル) 閉じた空間内で A, B 2 種の生物が共存しているとする．時刻 t におけるそれぞれの個体数 (または，個体密度) を $x(t), y(t)$ とする．それぞれの生物の増殖率は，$\dfrac{dx(t)}{dt}, \dfrac{dy(t)}{dt}$ であるが，それらが互いに他に依存していて，

$$\frac{dx(t)}{dt} = ax(t) - by(t), \tag{1.10}$$

$$\frac{dy(t)}{dt} = cx(t) - dy(t) \tag{1.11}$$

と表されているとする．定数 a, b, c, d はすべて正とする．この関係式は，次のように解釈できる．A は，自身では増殖率 a であるが，B の多さによって (餌として食べられて) b の比率で減少する．一方，B は単独でいるときには (餌がなく) d の割合で減少していく．しかし，A を餌とするので，その多さによって，c の比率で増殖する．

この 2 式から y を消去する．(1.10) を t で微分して，(1.11) を代入し，(1.10) を $-by = \dfrac{dx}{dt} - ax$ としてもう一度利用すると，

$$\begin{aligned}
\frac{d^2x}{dt^2} &= a\frac{dx}{dt} - b\frac{dy}{dt} \\
&= a\frac{dx}{dt} - b\left(cx - dy\right) \\
&= a\frac{dx}{dt} - bcx - d\left(\frac{dx}{dt} - ax\right)
\end{aligned} \tag{1.12}$$

であるから，$x(t)$ に関する微分方程式

$$\frac{d^2x(t)}{dt^2} - (a-d)\frac{dx(t)}{dt} - (ad-bc)x(t) = 0$$

が得られる．2種の生物の時刻 $t=0$ における個体数を $x(0)=x_0$，$y(0)=y_0$ とすると，得られた2階微分方程式の初期条件は，$x(0)=x_0$，$x'(0)=ax_0-by_0$ である． ∎

例題 1.2.9 (化学反応) A, B, C 3種類の物質が混在する容器の中で，A と B は可逆的に反応し，B と C も可逆的に反応するとする．それぞれの反応速度は，次の図のようになっているとする．

$$A \underset{k^-}{\overset{k^+}{\rightleftarrows}} B \underset{\ell^-}{\overset{\ell^+}{\rightleftarrows}} C$$

$x(t)$，$y(t)$，$z(t)$ を時刻 t における A, B, C それぞれの濃度とし，その総和は一定であることに注意すると，この反応速度は濃度に比例することから，

$$\frac{dx(t)}{dt} = k^- y(t) - k^+ x(t), \tag{1.13}$$

$$\frac{dy(t)}{dt} = k^+ x(t) - (k^- + \ell^+) y(t) + \ell^- z(t), \tag{1.14}$$

$$\frac{dz(t)}{dt} = \ell^+ y(t) - \ell^- z(t), \tag{1.15}$$

$$x(t) + y(t) + z(t) = \alpha (= 一定) \tag{1.16}$$

と表される．未知関数が3個のようであるが，(1.16) より独立な微分方程式は2つである．(1.14), (1.15) に (1.16) を代入して

$$\frac{dy(t)}{dt} = k^+ x(t) - (k^- + \ell^+) y(t) + \ell^- (\alpha - x(t) - y(t)), \tag{1.17}$$

$$-\frac{dx(t)}{dt} - \frac{dy(t)}{dt} = \ell^+ y(t) - \ell^- (\alpha - x(t) - y(t)) \tag{1.18}$$

となるが，(1.13) と (1.17) を加えると (1.18) が従うのである．そこで，(1.13) と (1.17) から $y(t)$ を消去するために，(1.13) を t で微分して計算すると，

$$\frac{d^2x}{dt^2} = k^- \frac{dy}{dt} - k^+ \frac{dx}{dt}$$

$$= k^-\{k^+x - (k^- + \ell^+)y + \ell^-(\alpha - x - y)\} - k^+\frac{dx}{dt}$$

$$= k^-(k^+ - \ell^-)x - k^-(k^- + \ell^+ + \ell^-)y + k^-\ell^-\alpha - k^+\frac{dx}{dt}$$

$$= k^-(k^+ - \ell^-)x - (k^- + \ell^+ + \ell^-)\left(\frac{dx}{dt} + k^+x\right) + k^-\ell^-\alpha - k^+\frac{dx}{dt}$$

となる.すなわち,微分方程式

$$\frac{d^2x(t)}{dt^2} + (k^+ + k^- + \ell^+ + \ell^-)\frac{dx(t)}{dt} \\ + (k^+\ell^+ + k^+\ell^- + k^-\ell^-)x(t) = k^-\ell^-\alpha \tag{1.19}$$

が得られた.

ここで述べた現象の例題 1.2.5, 1.2.6, 1.2.7, 1.2.8, 1.2.9 は,すべて

$$u''(t) + au'(t) + bu(t) = f(t) \tag{1.20}$$

という形の微分方程式になっている.この微分方程式の解法は,2.2 節以降で学ぶ.

また,例題 1.2.8, 1.2.9 で述べた微分方程式は未知関数が 2 つの連立微分方程式である.これについては第 3 章で学ぶ.

これまでの例題を眺めてわかることは,実際の現象は様々でも,それを記述する微分方程式は,共通の形をしていることである.もちろん,実際の現象はもっと複雑であり,ここで述べたことは最も単純な場合のみである.しかし,具体的な単位系やモデルに言及せずに,微分方程式それ自身を勉強することの重要性は理解できたと思う.

注目している現象によって,微分方程式の係数 a, b や f などが定まっている.この微分方程式をみたす解 u を求めることができれば,現象の様子 (質点の位置やバクテリアの総数,電流の大きさなど) がわかることになる.このように,微分方程式の解を求め,その性質を調べることは,現象の理解にとってたいへん重要である.

次の章からは，現象に直接とらわれることなく，微分方程式の解法，解法に必要な性質，さらに解の性質などを学んでいく．

また，変数変換によって，微分方程式がより簡単な微分方程式に変換できることがある．解を求めるという立場から有用であるばかりでなく，現象をスケール変換して捉えることにより，その現象の新しい側面を発見する手段にもなっている．このような発想を，それぞれの専門分野で役立てて欲しい．

例題 1.2.10 $y = y(x)$ が $x^2 \dfrac{d^2 y}{dx^2} + x \dfrac{dy}{dx} + \omega^2 y = 0$ をみたしているとき，$x = e^t$ によって変数を x から t に変換すると $u(t) = y(e^t)$ は $\dfrac{d^2 u}{dt^2} + \omega^2 u = 0$ をみたすことを示せ．変換された微分方程式は，(1.20) の形になっている．

解 $u(t) = y(e^t)$ より，$u' = e^t y'$, $u'' = (e^t)^2 y'' + e^t y'$ と計算できる．これより，
$$u'' + \omega^2 u = (e^t)^2 y'' + e^t y' + \omega^2 y$$
$$= x^2 y'' + xy' + \omega^2 y = 0$$
である． ∎

問題 1.2.1 $y = y(x)$ が $(1-x^2)\dfrac{d^2 y}{dx^2} - x\dfrac{dy}{dx} + \omega^2 y = 0$ をみたしているとき，$x = \cos t$ によって変数を x から t に変換すると $u(t) = y(\cos t)$ は $\dfrac{d^2 u}{dt^2} + \omega^2 u = 0$ をみたすことを示せ．

問題 1.2.2 例題 1.2.8 で，y に関する微分方程式を求めよ．

1.3 演習問題 (第 2 講)

—— 演習問題 A ——

問題 1 次の関数が与えられた微分方程式の初期値問題の解であることを確かめよ．

(1) $u(t) = 1 + 2e^{-t^2}$ $\qquad\qquad u' + 2tu = 2t, \quad u(0) = 3$

(2) $u(t) = -1 + 2e^{t(2+t)}$　　　　　　　$u' - 2(t+1)u = 2(t+1),$

　　　　　　　　　　　　　　　　　　　$u(0) = 1$

(3) $u(t) = (2+t)e^{-t^2}$　　　　　　$u' + 2tu = e^{-t^2},\quad u(0) = 2$

(4) $u(t) = -\cos t \,\log(\cos t) - \cos t$　　$u' + \tan t\, u = \sin t,\quad u(0) = -1$

問題 2　次の関数が与えられた微分方程式の初期値問題の解であることを確かめよ．

(1) $u(t) = \dfrac{3}{2}e^{-2t} + e^t - t - \dfrac{1}{2}$

$u'' + u' - 2u = 2t,\ u(0) = 2,\ u'(0) = -3$

(2) $u(t) = \dfrac{1}{5}e^{4t} + \dfrac{3}{4}e^{-2t} - \dfrac{3}{4}e^{2t} - \dfrac{1}{5}e^{-t}$

$u'' - 2u' - 8u = 6e^{2t} + e^{-t},\ u(0) = 0,\ u'(0) = -2$

(3) $u(t) = \dfrac{7}{4}e^t - \dfrac{3}{2}te^t + \dfrac{1}{4}e^{-t} + \dfrac{1}{2}t^2 e^t$

$u'' - 2u' + u = e^t + e^{-t},\ u(0) = 2,\ u'(0) = 0$

(4) $u(t) = -\dfrac{4\sqrt{3}}{3}e^{-\frac{t}{2}}\sin\dfrac{\sqrt{3}}{2}t + e^t$

$u'' + u' + u = 3e^t,\ u(0) = 1,\ u'(0) = -1$

問題 3　次の関数が与えられた微分方程式の境界値問題の解であることを確かめよ．ただし，A は定数，$n = 1, 2, \cdots$ とする．

(1) $u(t) = A\sin nt$

$u'' + n^2 u = 0,\ u(0) = u(\pi) = 0$

(2) $u(t) = A\cos(2n+1)t$

$u'' + (2n+1)^2 u = 0,\ u\left(\dfrac{\pi}{2}\right) = 0,\ u'(0) = 0$

(3) $u(t) = A\cos 2\pi nt$

$$u'' + 4\pi^2 n^2 u = 0, \ u'(0) = u'(1) = 0$$

(4) $u(t) = A\sin\left(2n + \dfrac{1}{2}\right)\pi t$

$$u'' + \left(2n + \dfrac{1}{2}\right)^2 \pi^2 u = 0, \ u(0) = 0, \ u'(1) = 0$$

— 演習問題 **B** —

問題 1 2 種の生物 A, B の時刻 t における個体数 $x(t), y(t)$ の間に,
$$\dfrac{dx(t)}{dt} = ax(t) - by(t),$$
$$\dfrac{dy(t)}{dt} = -cx(t) + dy(t)$$
という関係があるとき，この 2 種の生物の相互関係を考察せよ．ただし, $a, b, c, d > 0$ とする．

第 2 章

線形微分方程式

この章では，線形微分方程式と呼ばれるタイプの微分方程式を考察する．いろいろな現象が線形微分方程式で表されるだけでなく，理論的にもわかりやすい構造をもっている．この性質を用いて，解が求められることを解説する．

2.1　1 階線形微分方程式 (第 3 講)

まず，最も単純な微分方程式の考察から始めよう．

$u(t)$ を未知関数とする微分方程式

$$\frac{du(t)}{dt} + au(t) = 0 \tag{2.1}$$

を考える．a は定数とする．

導関数 $\dfrac{du}{dt} = u'$ を，記号的に $du = u'\, dt$ と表す．微分の記号を知っている読者は，その延長だと考えればよい．

(2.1) は

$$\frac{du}{dt} = -au$$

とも表せるので，$du = -au\, dt$ と書き換える．u も変数と考えて

$$\frac{du}{u} = -a\, dt$$

と変形して，両辺に積分記号をつけると

$$\int \frac{du}{u} = \int -a\,dt$$

となる．両辺を各々計算すると

$$\log|u| = -at + C$$

が得られる．C は不定積分の積分定数にあたる任意定数である．これから，

$$|u| = e^C e^{-at}$$

であるが，C が任意定数であるから e^C も任意定数になりうる．左辺の絶対値のもつ符号の任意性も任意定数に含めることができ，結局

$$u = Ae^{-at} \tag{2.2}$$

が得られる．新しい任意定数を A と表した．こうして得られた $u(t)$ は，微分方程式に代入すれば確かめられるように，解になっている．

未知関数 $u(t)$ に関する微分方程式

$$\frac{du(t)}{dt} + p(t)u(t) = q(t) \tag{2.3}$$

を **1 階線形微分方程式**という．$p(t), q(t)$ は与えられた関数である．特に $q(t) = 0$ のときには，微分方程式は

$$\frac{du}{dt} + p(t)u = 0 \tag{2.4}$$

となるが，これを**斉次方程式**という．

斉次方程式は，(2.1) と同じように考えて解を求めることができる．微分方程式を記号的に分解して，u の部分と t の部分に分解し，積分記号をつけると

$$\int \frac{du}{u} = -\int p(t)\,dt$$

である．$p(t)$ の不定積分 (のひとつ) を $P(t)$ と表すと，任意定数 C を用いて

$$\log|u| = -P(t) + C$$

であるから，

$$u = \pm e^C e^{-P(t)}$$

が得られる．任意定数を取り換えて

$$u(t) = Ae^{-P(t)} \tag{2.5}$$

と表すことができる．先に計算した (2.1) の場合は，$P(t) = -at$ であった．これが任意定数を含む (2.4) の一般解である．

$q(t) \neq 0$ の場合を，**非斉次方程式**という．この一般解を求めるには，次のように発見的に考えるとよい．定数 A を今度は関数と考えて

$$u(t) = A(t)e^{-P(t)}$$

が (2.3) をみたすとして，$A(t)$ の関係式を導くのである．この方法を**定数変化法**という．積の微分より，

$$u'(t) = A'(t)e^{-P(t)} - A(t)p(t)e^{-P(t)}$$
$$= \left(A'(t) - A(t)p(t)\right)e^{-P(t)}$$

であり，微分方程式 (2.3) に代入して

$$A'(t)e^{-P(t)} = q(t)$$

を得る．これより

$$A'(t) = q(t)e^{P(t)}$$

であるから，これを積分して

$$A(t) = \int q(t)e^{P(t)}\,dt + C$$

である．したがって，非斉次方程式 (2.3) の一般解が

$$u(t) = e^{-P(t)}\left\{\int q(t)e^{P(t)}\,dt + C\right\} \tag{2.6}$$

と表される．

注意 2.1 (2.6) の右辺の $\int q(t)e^{P(t)}\,dt$ で用いた記号 t は，$q(t)e^{P(t)}$ の不定積分を t の関数として表すことを意味している．不定積分を区間 $[t_0, t]$ 上での定積

分と考えて
$$u(t) = e^{-P(t)}\left\{\int_{t_0}^{t} q(s)e^{P(s)}\,ds + C\right\}$$
と書けばその意味が明らかになる．区間 $[t_0,t]$ を別の区間 $[t_1,t]$ ととったときには，$[t_0,t_1]$ 上の積分を任意定数 C に含められるので，t_0 は任意に選んでよい．$e^{-P(t)}$ を積分記号の中に入れて，$e^{-P(t)}e^{P(t)} = 1$ などと計算してはいけない．

初期条件 $u(t_0) = A_0$ をみたす初期値問題の解は
$$u(t) = e^{-P(t)}\left\{\int_{t_0}^{t} q(s)e^{P(s)}\,ds + C\right\}$$
において，$t = t_0$ とすると
$$A_0 = Ce^{-P(t_0)}$$
であるから，$C = A_0 e^{P(t_0)}$ となり
$$u(t) = e^{-P(t)}\left\{\int_{t_0}^{t} q(s)e^{P(s)}\,ds + A_0 e^{P(t_0)}\right\}$$
と求められる．

例題 2.1.1 微分方程式
$$\frac{du}{dt} + 3u = e^{-2t}$$
の一般解を求めよう．(2.6) において $P(t) = 3t$ であるから
$$u(t) = e^{-3t}\left\{\int e^{-2t}e^{3t}\,dt + C\right\}$$
$$= e^{-3t}\left\{\int e^{t}\,dt + C\right\}$$
$$= e^{-3t}\left\{e^{t} + C\right\} = Ce^{-3t} + e^{-2t}$$
と求められる．C は任意定数である．さらに，初期条件 $u(0) = 3$ をみたす解は，一般解において $t = 0$ として
$$C + 1 = 3$$

から定数 C を定めることができるので，
$$u(t) = 2e^{-3t} + e^{-2t}$$
と求められる．こうして得られた解は，実際に微分し，微分方程式に代入して検算すると間違いが少なくなる．

問題 2.1.1 次の微分方程式の一般解を求めよ．

(1) $u' + 2u = 0$ 　　　　　　　　(2) $u' - 3u = 0$

(3) $u' + 2u = e^t$ 　　　　　　　 (4) $u' - 3u = t$

問題 2.1.2 次の初期値問題の解を求めよ．

(1) $u' - 4u = 0, \quad u(0) = 1$ 　　(2) $u' + u = 0, \quad u(0) = 2$

(3) $u' - 4u = e^{-2t}, \quad u(0) = 0$ 　(4) $u' + u = \cos t, \quad u(0) = 2$

問題 2.1.3 次の微分方程式の一般解を求めよ．

(1) $u' - 2tu = 0$ 　　　　　　　　(2) $u' + \dfrac{1}{t}u = 0$

(3) $u' - 2tu = t$ 　　　　　　　　(4) $u' + \dfrac{1}{t}u = e^t$

問題 2.1.4 次の初期値問題の解を求めよ．

(1) $u' + \tan t\, u = 0, \quad u(0) = 1$ 　　(2) $u' - \dfrac{2t}{t^2+1}u = 0, \quad u(1) = 2$

(3) $u' + \tan t\, u = \sin 2t, \quad u(0) = 1$

(4) $u' - \dfrac{2t}{t^2+1}u = t^2 + 1, \quad u(1) = 2$

問題 2.1.5 $u_1(t), u_2(t)$ を斉次方程式 (2.4) の解とするとき，
$$u(t) = c_1 u_1(t) + c_2 u_2(t)$$
も斉次方程式の解であることを示せ．c_1, c_2 は定数である．解についてこの性質が成立することが，線形方程式と呼ばれる所以である．

問題 2.1.6 $u_1(t)$ が斉次方程式 (2.4), $u_2(t)$ が非斉次方程式 (2.3) の解であるとき,
$$u(t) = Cu_1(t) + u_2(t)$$
は,非斉次方程式の解であることを示せ. C は定数である.

2.2 定数係数 2 階線形微分方程式 (第 4 講)

定数 a, b を用いて表された, $u(t)$ を未知関数とする微分方程式
$$u''(t) + au'(t) + bu(t) = q(t) \tag{2.7}$$
を**定数係数 2 階線形微分方程式**という. $q(t) = 0$ すなわち,
$$u''(t) + au'(t) + bu(t) = 0 \tag{2.8}$$
の場合を,**斉次方程式**といい, $q(t) \neq 0$ の場合を,**非斉次方程式**ということは,1 階線形微分方程式の場合と同じである.

まず,この節では斉次方程式について,その解を求めよう. 一般の非斉次方程式については,後の節で考察する.

簡単に確かめられるように, $u(t) = e^{2t}$ と $u(t) = e^{-t}$ はともに微分方程式 $u'' - u' - 2u = 0$ の解である. 1 階微分方程式とは異なって, 2 階微分方程式には,任意定数の違いでは表せない異なった解が, 2 つ現れる.

関数 $e^{\lambda t}$ について
$$(e^{\lambda t})' = \lambda e^{\lambda t}, \quad (e^{\lambda t})'' = \lambda^2 e^{\lambda t}$$
であるから,微分方程式 (2.8) に代入して
$$(\lambda^2 + a\lambda + b)e^{\lambda t} = 0$$
となる. λ が 2 次方程式
$$\lambda^2 + a\lambda + b = 0 \tag{2.9}$$
の解であれば $u(t) = e^{\lambda t}$ が斉次方程式 (2.8) の解になる. この事実を利用して (2.8) の解を求めることができる.

注意 2.2 1階微分方程式 $u' + au = 0$ においても，対応する1次方程式 $\lambda + a = 0$ を考えて，解 $\lambda = -a$ により微分方程式の解 $u(t) = e^{-at}$ が見つかると考えることもできる．

定義 2.1 定数係数 2 階斉次線形微分方程式 (2.8) に対して，2 次方程式 (2.9) をこの微分方程式の**特性方程式**という．

特性方程式の解の状況に対応して，(2.8) の解が求められる．

定理 2.1 定数係数 2 階斉次線形微分方程式 (2.8) の解は，次のように求められる．このようにして求められる解の組を，**基本解**という．

(i) (2.9) が，2 つの実数解 λ_1, λ_2 ($\lambda_1 \neq \lambda_2$) をもつときは，
$$u_1(t) = e^{\lambda_1 t}, \quad u_2(t) = e^{\lambda_2 t}$$
が，(2.8) の基本解である．

(ii) (2.9) が，重解 λ をもつときは，
$$u_1(t) = e^{\lambda t}, \quad u_2(t) = te^{\lambda t}$$
が，(2.8) の基本解である．

(iii) (2.9) が，2 つの複素数解 $\lambda = \alpha \pm \beta i$ ($\beta \neq 0$) をもつときは，
$$u_1(t) = e^{\alpha t} \cos \beta t, \quad u_2(t) = e^{\alpha t} \sin \beta t$$
が，(2.8) の基本解である．

いずれの場合も，u_1 と u_2 の順序は逆でもかまわない．

証明 (i) は，それぞれ微分を実行して微分方程式に代入し，λ_1, λ_2 が特性方程式の解であることを用いればよい．

(ii) の u_1 も同様である．u_2 が微分方程式の解であることは，特性方程式の重解が $\lambda = -\dfrac{a}{2}$ であることに注意すればよい．$u_2'' + au_2' + bu_2 = \left(\lambda^2 + a\lambda + b\right)te^{\lambda t} + (2\lambda + a)e^{\lambda t}$ である．

(iii) は $u_1 = e^{\alpha t} \cos \beta t$ を微分方程式に代入すると，
$$u_1'' + au_1' + bu_1 = \{(\alpha^2 - \beta^2) + a\alpha + b\}e^{\alpha t}\cos\beta t - \beta(2\alpha + a)e^{\alpha t}\sin\beta t$$
となることと，$\lambda = \alpha \pm \beta i$ が複素数解であることから $\lambda^2 + a\lambda + b = 0$ に代入して整理すると $(\alpha^2 - \beta^2 + a\alpha + b) \pm \beta(2\alpha + a)i = 0$ と表されることを用いればよい．$u_2 = e^{\alpha t}\sin\beta t$ についても同様である．

例題 2.2.1 次の微分方程式の基本解を求めよ.

(1) $u'' - u' - 2u = 0$ (2) $9u'' - 12u' + 4u = 0$

(3) $u'' - 4u' + 6u = 0$

解 (1) 特性方程式は

$$\lambda^2 - \lambda - 2 = 0$$

であり, その解は $\lambda_1 = -1, \lambda_2 = 2$ と, 異なる 2 つの実数解だから, 基本解は $u_1 = e^{-t}, u_2 = e^{2t}$ である.

(2) 特性方程式は, $9\lambda^2 - 12\lambda + 4 = 0$ であり, 重解 $\lambda = \dfrac{2}{3}$ をもつので, 基本解は $u_1 = e^{\frac{2}{3}t}, u_2 = te^{\frac{2}{3}t}$ である.

(3) 特性方程式は, $\lambda^2 - 4\lambda + 6 = 0$ であり, 複素数解 $\lambda = 2 \pm \sqrt{2}\,i$ をもつので, 基本解は $u_1 = e^{2t}\cos\sqrt{2}t, u_2 = e^{2t}\sin\sqrt{2}t$ である.

注意 2.3 (1) 定理 2.1 において, (iii) の場合は, 複素数の指数関数

$$e^{\alpha \pm \beta i} = e^{\alpha}(\cos\beta \pm i\sin\beta)$$

を用いると

$$v_1(t) = e^{\alpha t}(\cos\beta t + i\sin\beta t)$$

$$v_2(t) = e^{\alpha t}(\cos\beta t - i\sin\beta t)$$

が 2 つの解である. このとき v_1, v_2 は一般に複素数の値をとる解になっている. v_1, v_2 を基本解と考えてもよい. 定理 2.1 の (iii) では, 実数値の基本解を求めているのである.

(2) 定理 2.1 (ii) において, $e^{\lambda t}$ 以外の基本解として $te^{\lambda t}$ が現れる理由は, 定数変化法によって説明できる. すなわち, $A(t)e^{\lambda t}$ が解になると考えると $A(t) = t$ が得られるのである (演習問題 B, 問題 3 を参照せよ).

問題 2.2.1 次の微分方程式の基本解を求めよ.

(1) $u'' + u' - 2u = 0$ (2) $u'' - 4u' = 0$

(3) $2u'' - u' - u = 0$ (4) $6u'' + u' - 2u = 0$

問題 2.2.2 次の微分方程式の基本解を求めよ．

(1) $u'' + 6u' + 9u = 0$ (2) $u'' = 0$

(3) $4u'' - 4u' + u = 0$ (4) $4u'' + 12u' + 9u = 0$

問題 2.2.3 次の微分方程式の基本解を求めよ．

(1) $u'' - 4u' + 13u = 0$ (2) $u'' + 4u = 0$

(3) $u'' + u' + u = 0$ (4) $2u'' - 2u' + 5u = 0$

2.3　線形微分方程式の解の構造 (第 5 講)

線形微分方程式については，次に述べるような性質が成り立つ．

定理 2.2　微分方程式 (2.8) の 2 つの解 u_1, u_2 について，A, B を定数とするとき

$$u(t) = Au_1(t) + Bu_2(t) \tag{2.10}$$

も (2.8) の解である．

　基本解 u_1, u_2 を用いてこのように表せる解を**一般解**という．この性質が，線形微分方程式と呼ばれる所以である．

証明　微分を実行して，微分方程式に代入すればよい．

理論的には，この定理の逆が重要である．

定理 2.3　斉次方程式 (2.8) のすべての解が，その基本解 u_1, u_2 を用いて (2.10) のように表せる．

証明　$y(t)$ を (2.8) の任意の解とする．$y(0) = y_0$, $y'(0) = y_1$ とする．$u(t) = Au_1(t) + Bu_2(t)$ が $y(t)$ と一致するように定数 A, B が選べることを示す．
$u(0) = y(0)$ であるためには，$Au_1(0) + Bu_2(0) = y_0$ でなければならない．$u'(t) = Au_1'(t) + Bu_2'(t)$ であるから，$u'(0) = y'(0)$ であるためには $Au_1'(0) + Bu_2'(0) = y_1$

でなければならない．A, B に関する連立 1 次方程式
$$Au_1(0) + Bu_2(0) = y_0$$
$$Au_1'(0) + Bu_2'(0) = y_1$$
が得られた．基本解は定理 2.1 で与えられているので，それぞれの場合を考えると，

(i) $\begin{cases} A + B = y_0 \\ \lambda_1 A + \lambda_2 B = y_1 \quad (\lambda_1 \neq \lambda_2) \end{cases}$

(ii) $\begin{cases} A = y_0 \\ \lambda A + B = y_1 \end{cases}$

(iii) $\begin{cases} A = y_0 \\ \alpha A + \beta B = y_1 \quad (\beta \neq 0) \end{cases}$

である．これらの連立 1 次方程式は，いずれも解が存在する連立 1 次方程式である．したがって，この解 A, B によって
$$y(t) = Au_1(t) + Bu_2(t)$$
と表される．

例題 2.3.1 次の微分方程式の一般解を求めよ．
(1) $u''(t) - 3u'(t) + 2u(t) = 0$ (2) $4u''(t) + 4\sqrt{3}u'(t) + 3u(t) = 0$

解 (1) 特性方程式は $\lambda^2 - 3\lambda + 2 = 0$ なので，その解 $\lambda_1 = 1, \lambda_2 = 2$ を用いて，一般解は
$$u(t) = Ae^t + Be^{2t}$$
と求められる．

(2) 特性方程式は $4\lambda^2 + 4\sqrt{3}\lambda + 3 = (2\lambda + \sqrt{3})^2 = 0$ なので，重解 $\lambda = -\dfrac{\sqrt{3}}{2}$ をもつ．これより一般解は
$$u(t) = (A + Bt)e^{-\frac{\sqrt{3}}{2}t}$$
と求められる．

非斉次方程式の解については，次の性質が成り立つ．

定理 2.4　非斉次方程式 (2.7) の一般解は，対応する斉次方程式 (2.8) の一般解と (2.7) の 1 つの特解 $y(t)$ との和で表される．

証明　対応する斉次方程式の一般解を $x(t)$ とすると，$x(t)+y(t)$ を微分方程式に代入すれば，解であることがわかる．逆に，非斉次方程式の解を $u(t)$ とする．$u(t)-y(t)$ を微分方程式に代入して計算すると，斉次方程式の解であることが確かめられるから，$u(t)=(u(t)-y(t))+y(t)$ と考えると，斉次方程式の解と，特解 $y(t)$ の和で表されている．∎

注意 2.4　この定理は，1 階線形微分方程式 (2.3) に対しても成り立つ．すなわち，(2.3) の一般解は，(2.4) の 1 般解と (2.3) の 1 つの特解との和で表される．∎

　この性質を利用して，次の節では非斉次方程式の一般解を求める方法を解説する．その前にここで，初期値問題について，その解を計算し，応用について述べよう．

　2 階微分方程式では，一般解は 2 つの任意定数を含むので，これらを定めるための初期条件は 2 つ必要である．

例題 2.3.2　次の初期値問題の解を求めよ．
$$u''-4u'+8u=0, \quad u(0)=3, \quad u'(0)=-2$$

解　微分方程式の一般解は，特性方程式が複素数解 $\lambda=2\pm 2i$ をもつので，
$$u(t)=e^{2t}(A\cos 2t+B\sin 2t)$$
と表される．$u'(t)=e^{2t}((2A+2B)\cos 2t-(2A-2B)\sin 2t)$ を用いて，初期条件を代入すると，連立 1 次方程式
$$3=A, \quad -2=2A+2B$$
が得られる．これを解けば $A=3, B=-4$ であるから，求める解は
$$u(t)=e^{2t}(3\cos 2t-4\sin 2t)$$
である．∎

2.3 線形微分方程式の解の構造 (第5講)

例題 2.3.3 $u(t)$ が時刻 t での物体の位置を表すとすると，$u'(t)$ は速度，$u''(t)$ は加速度を表す．微分方程式

$$u'' + k^2 u = 0 \qquad (k > 0)$$

は，例題 1.2.5 で述べたように，フックの法則によるバネの運動を表す微分方程式である．ただし，以下での記述を簡単にするためバネ定数を k^2 で表している．

特性方程式は

$$\lambda^2 + k^2 = 0$$

であるから，$\lambda = \pm ki$ である．したがって，基本解は

$$u_1(t) = \cos kt, \quad u_2(t) = \sin kt$$

と求められ，一般解は，任意定数 A, B を用いて

$$u(t) = A \cos kt + B \sin kt \tag{2.11}$$

と表される．

初期条件

$$u(0) = A_0, \quad u'(0) = 0 \tag{2.12}$$

をみたす解を求めよう．この初期条件は，時刻 $t = 0$ において A_0 の位置で，静かに (速度を与えずに) 手を離すことを表してる．

(2.11) に $t = 0$ を代入して (2.12) を用いると，$u' = -kA \sin kt + kB \cos kt$ より

$$A_0 = A, \quad 0 = kB$$

である．したがって，初期条件 (2.12) をみたす初期値問題の解は

$$u(t) = A_0 \cos kt$$

と求められる．これは，振幅 A_0，周期 $\dfrac{2\pi}{k}$ の往復運動である． ∎

問題 2.3.1 次の初期値問題の解を求めよ．

(1) $u'' - u' - 2u = 0, \quad u(0) = 1, \quad u'(0) = 0$

(2) $u'' - 4u' + 4u = 0, \quad u(0) = 0, \quad u'(0) = 1$

(3) $u'' + 2u' + 2u = 0, \quad u(0) = u'(0) = 1$

2.4 非斉次方程式の解法 (第 6 講)

定理 2.4 で述べたように，非斉次方程式

$$u''(t) + au'(t) + bu(t) = q(t) \tag{2.13}$$

の一般解は，対応する斉次方程式

$$u''(t) + au'(t) + bu(t) = 0 \tag{2.14}$$

の一般解と (2.13) の特解との和で求められる．

(2.14) の一般解については，特性方程式を用いて求めることができるので，残る問題は，どのようにして (2.13) の特解を (1 つだけでよいのだが) 求めるか，である．

次の性質は，特解を求める際の手段として有効である．

定理 2.5 微分方程式 $u'' + au' + bu = q_1(t)$ の特解 $u_1(t)$ と，$u'' + au' + bu = q_2(t)$ の特解 $u_2(t)$ が知られていれば，$u(t) = c_1 u_1(t) + c_2 u_2(t)$ は，微分方程式 $u'' + au' + bu = c_1 q_1(t) + c_2 q_2(t)$ の特解である．

証明 実際に微分方程式に代入して，確かめればよい． ∎

この事実から，比較的単純な右辺に対して特解が見つけられれば，それを利用して複雑な右辺に対しても特解が求められる．

そこで，代表的な関数 $q(t)$ について，特解の求め方を列伝的に述べることにする．いずれも $q(t)$ の形から，特解の形を予想している．以下で述べる特解の求め方は，1 階線形微分方程式に対しても有効である．

例題 2.4.1 ($q(t) = pt + q$ の場合) 微分方程式

$$u'' + au' + bu = pt + q$$

2.4 非斉次方程式の解法 (第6講)

の特解を求めよう．右辺が1次式であるから，左辺も1次式になるようにと考えると，$v(t) = At + B$ という形の解が思い浮かぶ．これを微分方程式に代入して，定数 A, B をうまく定めればよい．

具体例として
$$u'' + u' - 2u = 4t - 4$$
を考えよう．特解を $v(t) = At + B$ と予想して，微分方程式に代入すると
$$v'' + v' - 2v = -2At + (A - 2B)$$
である．これが微分方程式の右辺 $4t - 4$ と一致するためには，A, B に関する連立1次方程式
$$-2A = 4$$
$$A - 2B = -4$$
から，A, B を定めればよい．この連立1次方程式を解くと，$A = -2, B = 1$ であるから，$v(t) = -2t + 1$ が1つの特解である．微分方程式に代入して検算すると，間違いが少なくなる．

一般解は，$u(t) = Ce^t + De^{-2t} - 2t + 1$ と求められる． ∎

問題 2.4.1 次の微分方程式の特解を求め，一般解を求めよ．

(1) $u'' - 2u' - 3u = 2t - 1$ (2) $u'' + 4u' + 4u = -t$

(3) $u'' + 9u = 3(t + 1)$ (4) $u'' + 6u' + 5u = -2$

例題 2.4.2 ($q(t) = e^{pt}$ で p が特性方程式の解ではない場合) 微分方程式
$$u'' + au' + bu = e^{pt}$$
の特解を求めよう．$v(t) = Ae^{pt}$ を微分方程式の左辺に代入すると
$$v'' + av' + bv = A(p^2 + ap + b)e^{pt}$$
であるから，p が特性方程式の解ではない場合には $p^2 + ap + b \neq 0$ なので，定数 A を，$v(t) = Ae^{pt}$ が特解になるよう定めることができる．

具体例で確かめよう．微分方程式
$$u'' + u' - 2u = e^{3t}$$
を考える．特解として，$v(t) = Ae^{3t}$ と予想して試してみる．
$$v'' + v' - 2v = (9A + 3A - 2A)e^{3t} = 10Ae^{3t}$$
であるから，特解であるためには $A = \dfrac{1}{10}$ であればよいことがわかる．一般解は
$$u(t) = Ce^t + De^{-2t} + \dfrac{1}{10}e^{3t}$$
である．

問題 2.4.2　次の微分方程式の特解を求め，一般解を求めよ．

(1) $u'' - 4u' - 12u = e^{3t}$
(2) $u'' + 8u' + 16u = 3e^{-t}$
(3) $u'' - 6u' + 10u = 2e^{2t}$
(4) $u'' - 4u = e^t + e^{-t}$

例題 2.4.3 ($q(t) = e^{pt}$ で p が特性方程式の解である場合)　p が特性方程式の解である場合には，e^{pt} は対応する斉次方程式の基本解の 1 つとなり，先の例題 2.4.2 のように，Ae^{pt} を試しても左辺が 0 となり，係数 A を定めることができない．p が特性方程式の解で，重解でないときには，$v(t) = Ate^{pt}$ の形で特解が求められる．

具体例で確かめよう．微分方程式
$$u'' + u' - 2u = 2e^t$$
を考える．e^t は対応する斉次方程式の基本解の 1 つなので，特解として，$v(t) = Ate^t$ と予想して試してみる．
$$v'' + v' - 2v = 3Ae^t$$
であるから，特解であるためには $A = \dfrac{2}{3}$ であればよいことがわかる．一般解は
$$u(t) = Ce^t + De^{-2t} + \dfrac{2}{3}te^t$$

である．

p が特性方程式の重解になっているときには，te^{pt} も対応する斉次方程式の基本解になってしまうので，さらに次数を高くして $v(t) = At^2 e^{pt} + Bte^{pt}$ を試してみればよい．

問題 2.4.3 次の微分方程式の特解を求め，一般解を求めよ．

(1) $u'' + 2u' - 15u = e^{3t}$　　　(2) $u'' + 2u' - 15u = e^{-5t}$

(3) $u'' + u' - 2u = 3e^t$　　　(4) $u'' - u = 2e^t - e^{-2t}$

例題 2.4.4 ($q(t) = q_1 \sin \omega t + q_2 \cos \omega t$ の場合)　微分方程式

$$u'' + au' + bu = q_1 \sin \omega t + q_2 \cos \omega t$$

の特解を求めるには，解の形を $v(t) = A \sin \omega t + B \cos \omega t$ と予想して，定数 A, B をうまく定めればよい．$v_1(t) = \sin \omega t$ が対応する斉次方程式の基本解のときには，この方法では求められない．

具体例で確かめよう．微分方程式

$$u'' + u' - 2u = \sin t$$

を考える．特解として，$v(t) = A \sin t + B \cos t$ と予想して試してみる．微分方程式の右辺は sin だけであるが，微分によって cos も現れるので，特解を予想するときには cos も含む形になる．ここでも，$\sin t, \cos t$ は斉次方程式の基本解ではないので，以下の考察がうまくいく．

$$v'(t) = A \cos t - B \sin t$$

$$v''(t) = -A \sin t - B \cos t$$

であるから，

$$v'' + v' - 2v = -(3A + B) \sin t + (A - 3B) \cos t$$

となり，これが微分方程式の右辺と一致するには，連立 1 次方程式

$$-(3A + B) = 1$$

$$A - 3B = 0$$

をみたすように A, B を定めればよい．実際に，$A = -\dfrac{3}{10}$, $B = -\dfrac{1}{10}$ と定まるから，

$$v(t) = -\frac{1}{10}\left(3\sin t + \cos t\right)$$

が特解であり，一般解は

$$u(t) = Ce^t + De^{-2t} - \frac{1}{10}\left(3\sin t + \cos t\right)$$

と求められる．

例題 2.4.5 微分方程式

$$u''(t) + k^2 u(t) = \sin\omega t \qquad (\omega > 0) \tag{2.15}$$

は，例題 2.3.3 で述べたバネの運動を表す微分方程式の右辺に，非斉次項 $\sin\omega t$ が加わっている．これは，バネ自身の運動に加えて，外部から強制的な振動が加えられていることを表している．この微分方程式の特解は $k \neq \omega$ のとき $v(t) = \dfrac{\sin\omega t}{k^2 - \omega^2}$ であるから，一般解は

$$u(t) = A\cos kt + B\sin kt + \frac{\sin\omega t}{k^2 - \omega^2} \tag{2.16}$$

と表される．初期条件として $u(0) = 0$, $u'(0) = 1$ とすると (つりあいの位置で，速度 1 になるように，おもりを弾く)，初期値問題の解は

$$u(t) = \frac{k^2 - \omega^2 - \omega}{k(k^2 - \omega^2)}\sin kt + \frac{\sin\omega t}{k^2 - \omega^2} \tag{2.17}$$

と表される．ω が k に非常に近くなれば，振幅がいくらでも大きくなってしまう．これは**共鳴現象**に対応している．

問題 2.4.4 次の微分方程式の特解を求め，一般解を求めよ．

(1) $u'' + u' - 2u = \cos t$　　　(2) $u'' + u' - 2u = 2\sin t - \cos t$

(3) $u'' + 4u' + 4u = 3\sin 2t$　　　(4) $u'' - 2u' + 5u = \cos 3t - \sin 3t$

注意 2.5 　上記の例題では，右辺が指数関数の場合と三角関数の場合を別々に考えたが，複素数の指数関数

$$e^{p+i\omega} = e^p(\cos\omega + i\sin\omega) \tag{2.18}$$

を用いると，どちらも同じように扱うことができる．

　ここでは，非斉次方程式の特解を求める方法として，解の形を予想する方法を紹介した．このほかにも，いろいろな方法が工夫されている．なかでも，微分演算子を用いる方法は，慣れれば一定の手順で特解を求めることができる．この方法については，第 5 章で述べることにする．

2.5　演習問題 (第 7 講)

―― 演習問題 A ――

問題 1　次の微分方程式の一般解を求めよ．

(1) $u' - 2u = 0$　　　　(2) $u' + 3u = 0$　　　　(3) $2u' + u = 0$

(4) $u' - 2u = 2t$　　　(5) $u' + 3u = 4e^t$　　　(6) $2u' + 3u = e^{-\frac{3}{2}t}$

問題 2　次の微分方程式の一般解を求めよ．

(1) $2u' + (t+1)u = 0$　(2) $3u' - \dfrac{u}{t-2} = 0$　(3) $u' - \log t \, u = 0$

(4) $u' + \dfrac{1}{t+1}u = \sin t$　(5) $u' + (2t-1)u = e^{-t^2}$　(6) $u' + \dfrac{2t}{1+t^2}u = 4t$

問題 3　次の初期値問題の解を求めよ．

(1) $2u' + u = 0, \quad u(0) = 3$　　　(2) $u' - (2t+1)u = e^{t^2}, \quad u(0) = -1$

(3) $u' - 3u = 2te^{3t}, \quad u(0) = 3$　(4) $u' + \dfrac{u}{t-2} = 4\cos 2t, \quad u(0) = -\dfrac{1}{2}$

(5) $2u' - u = e^t, \quad u(1) = e$　　(6) $u' - (1-2t)u = e^{1-t^2}, \quad u(1) = 4$

問題 4　次の微分方程式の一般解を求めよ．

(1) $4u'' + u = 0$　　　　　　(2) $4u'' - u = 0$

(3) $u'' - 4u' + 2u = 0$　　　(4) $4u'' - 4u' + u = 0$

(5) $3u'' - 4u' = 0$ (6) $3u'' - 4u' + u = 0$

問題 5 次の微分方程式の一般解を求めよ．かっこ内の形の解を試してみよ．ただし，$k, \omega > 0, k \neq \omega$ とする．

(1) $u'' - 3u = 3t^2$ $(At^2 + Bt + C)$

(2) $u'' + 2u' - 8u = 4te^{2t}$ $(te^{2t}(At + B))$

(3) $u'' + k^2 u = \cos \omega t$ $(A \cos \omega t + B \sin \omega t)$

(4) $u'' + k^2 u = \cos kt$ $(t(A \cos kt + B \sin kt))$

(5) $u'' - 2u' + u = t \sin t$ $(t(A \cos t + B \sin t) + C \cos t + D \sin t)$

(6) $2u'' - 2u' + u = 2t^2 + 1$ $(At^2 + Bt + C)$

問題 6 次の初期値問題の解を求めよ．

(1) $u'' - u' - 6u = 0, \quad u(0) = 1, \quad u'(0) = -1$

(2) $u'' + 4u = 0, \quad u(\pi) = -1, \quad u'(\pi) = 1$

(3) $2u'' - u' - 3u = 0, \quad u(0) = -1, \quad u'(0) = 1$

(4) $u'' - u' - 6u = 5e^{3t}, \quad u(0) = 1, \quad u'(0) = 2$

(5) $u'' + 4u = \sin 2t, \quad u(\pi) = 0, \quad u'(\pi) = 1$

(6) $4u'' - 2u' - 6u = 3, \quad u(0) = 1, \quad u'(0) = 1$

—— 演習問題 B ——

問題 1 (解の漸近挙動) 次の問に答えよ．(2) は時間が十分に経過したときの状態を考えることに相当する．

(1)   初期値問題
$$mu' = -ku + mg, \qquad u(0) = v_0$$

の解 $u = u(t)$ を求めよ．ただし，m, k, g は正の定数である．

(2) $\displaystyle\lim_{t\to\infty} u(t)$ を求めよ．

問題 2 (微分方程式の境界値問題) 区間の両端で条件を与えられた微分方程式
$$u'' + k^2 u = 0 \quad (k > 0) \qquad u(0) = u(\pi) = 0 \qquad (*)$$
について次の問に答えよ．

(1) $(*)$ が 0 でない解をもつための k の条件を求めよ．

(2) (1) が成り立っているときに，$(*)$ の 0 でない解を求めよ．

問題 3 (定数変化法) 定数係数 2 階斉次線形微分方程式
$$u''(t) + au'(t) + bu(t) = 0$$
の特性方程式 $\lambda^2 + a\lambda + b = 0$ が重解 λ をもつとき，$u_1(t) = e^{\lambda t}$ の定数倍では表せないもう 1 つの基本解 $u_2(t)$ を次の方法で求めよ．

(1) $u_2(t) = A(t)e^{\lambda t}$ とおいて，u_2', u_2'' を計算し，微分方程式に代入して，$A(t)$ に関する微分方程式を導け．

(2) $u_1(t)$ の定数倍では表せないもう 1 つの解が $u_2(t) = Bte^{\lambda t}$ と表されることを示せ．

第3章

連立微分方程式

3.1 連立微分方程式と2階線形微分方程式 (第8講)

例題 1.2.8 で取り上げた形の連立微分方程式

$$\frac{du_1(t)}{dt} = au_1(t) + bu_2(t), \tag{3.1}$$

$$\frac{du_2(t)}{dt} = cu_1(t) + du_2(t) \tag{3.2}$$

を考えよう．a, b, c, d は定数とする．その符号によっていろいろな現象に対応することを第1章で紹介した．この章では未知関数を $u_1(t)$, $u_2(t)$ で表す．

そこでも示したように，この連立微分方程式は，$u_1(t)$ (あるいは $u_2(t)$) に関する単独の2階微分方程式に書き直すことができる．実際，次のようにすればよい．

(3.1) を微分して，右辺の u_2' に (3.2) を代入すると

$$u_1'' = au_1' + b(cu_1 + du_2)$$

である．右辺に再び (3.1) を $bu_2 = u_1' - au_1$ と変形して代入すると，$u_1(t)$ に関する2階線形微分方程式

$$u_1'' - (a+d)u_1' + (ad-bc)u_1 = 0 \tag{3.3}$$

が得られる．この微分方程式の解は，第2章で学んだように，特性方程式

$$\lambda^2 - (a+d)\lambda + (ad-bc) = 0 \tag{3.4}$$

の解 λ_1, λ_2 を用いて $u_1(t)$ の一般解が求められ，対応して $u_2(t)$ も求められる．

3.1 連立微分方程式と2階線形微分方程式 (第8講)

例題 3.1.1 次の連立微分方程式を単独方程式に書き直して，一般解を求めよ．また，初期条件 $u_1(0) = 0, u_2(0) = -3$ をみたす解を求めよ．

$$u_1'(t) = 2u_1(t) - 2u_2(t)$$

$$u_2'(t) = 2u_1(t) - 3u_2(t)$$

解 (3.1), (3.2) から (3.3) を導いたようにすると，u_1 についての微分方程式

$$u_1'' + u_1' - 2u_1 = 0$$

が得られる．特性方程式は

$$\lambda^2 + \lambda - 2 = 0$$

であり，$\lambda = 1, -2$ と異なる2つの実数解をもつ．したがって，u_1 の一般解は $u_1(t) = Ce^t + De^{-2t}$ と表される．
連立微分方程式の第1式より

$$u_2 = -\frac{1}{2}(u_1' - 2u_1)$$

なので u_2 が計算できる．まとめると，一般解は C, D を任意定数として

$$u_1(t) = Ce^t + De^{-2t}$$

$$u_2(t) = \frac{C}{2}e^t + 2De^{-2t}$$

と表される．

初期値問題の解は $t = 0$ での条件をみたすように C, D を求めればよい．実際，$C + D = 0, \dfrac{C}{2} + 2D = -3$ であるから，

$$u_1(t) = 2e^t - 2e^{-2t}$$

$$u_2(t) = e^t - 4e^{-2t}$$

である． ∎

(次節のための準備) 特性方程式 (3.4) をみると，係数 $a+d, ad-bc$ は連立微分方程式の係数でできる行列 $A = \begin{pmatrix} a & b \\ c & d \end{pmatrix}$ のトレース (跡) と行列式になっているから，線形代数との関連が深いと

察せられる．次節では行列と行列式の知識を応用して連立微分方程式を考えるが，その前に，行列 A の固有値，固有ベクトルについて簡単に復習しよう．

定数 λ とベクトル $\bm{w} \neq 0$ が

$$A\bm{w} = \lambda \bm{w} \tag{3.5}$$

をみたすとき，λ を A の**固有値**，$\bm{w}$ を λ に対応する**固有ベクトル**という．2 次行列 $A = \begin{pmatrix} a & b \\ c & d \end{pmatrix}$ から固有値を求めるには，次の行列式から決まる λ に関する 2 次方程式

$$\begin{vmatrix} \lambda - a & -b \\ -c & \lambda - d \end{vmatrix} = 0 \tag{3.6}$$

を解けばよい．この行列式を計算すると

$$\lambda^2 - (a+d)\lambda + (ad - bc) = 0$$

となり，u_1 に関する単独方程式になおしたときの特性方程式 (3.4) になっている．

固有値 λ に対応する固有ベクトルを求めるには，連立 1 次方程式

$$(\lambda - a)x - by = 0$$
$$-cx + (\lambda - d)y = 0$$

の $(x, y) = (0, 0)$ でない解を求めればよい．固有ベクトルは 1 つには定まらず，定数倍の自由度をもっている．また，固有値は一般に複素数であり，固有ベクトルも複素数を成分とするベクトルになることがある．

2 つのベクトル $\begin{pmatrix} x_1 \\ y_1 \end{pmatrix}, \begin{pmatrix} x_2 \\ y_2 \end{pmatrix}$ は，一方が他の定数倍で表せるときに **1 次従属**，そうでないときに **1 次独立**であるという．ベクトルを矢印で表したときには，2 つのベクトルが平行な向きにあるとき 1 次従属，平行でない異なる方向に向いているとき 1 次独立である．異なる 2 つの固有値に対応する固有ベクトルは 1 次独立である．

問題 3.1.1 次の連立微分方程式を単独方程式に書き直して，一般解を求めよ．

(1) $\begin{aligned} u_1'(t) &= u_1(t) - 2u_2(t) \\ u_2'(t) &= 3u_1(t) - 4u_2(t) \end{aligned}$
(2) $\begin{aligned} u_1'(t) &= u_1(t) + 2u_2(t) \\ u_2'(t) &= -4u_1(t) + 7u_2(t) \end{aligned}$

問題 3.1.2 問題 3.1.1 の連立微分方程式において，それぞれ次の初期条件をみたす解を求めよ．

(1) $\begin{aligned} u_1(0) &= 1 \\ u_2(0) &= 2 \end{aligned}$
(2) $\begin{aligned} u_1(0) &= 3 \\ u_2(0) &= -1 \end{aligned}$

問題 3.1.3 次の行列の固有値と一組の固有ベクトルを求めよ．

(1) $\begin{pmatrix} 1 & -2 \\ 3 & -4 \end{pmatrix}$
(2) $\begin{pmatrix} 1 & 2 \\ -4 & 7 \end{pmatrix}$

3.2 連立微分方程式の解法 (第 9 講)

2 つの未知関数 $u_1(t), u_2(t)$ に対する連立微分方程式

$$\begin{aligned} \frac{du_1(t)}{dt} &= au_1(t) + bu_2(t), \\ \frac{du_2(t)}{dt} &= cu_1(t) + du_2(t) \end{aligned} \tag{3.7}$$

を考える. a, b, c, d は定数とする. ベクトル値関数 $\boldsymbol{u}(t) = \begin{pmatrix} u_1(t) \\ u_2(t) \end{pmatrix}$ に対して, その微分を $\dfrac{d\boldsymbol{u}(t)}{dt} = \begin{pmatrix} u_1'(t) \\ u_2'(t) \end{pmatrix}$ と表すと, この連立微分方程式 (3.7) は, 係数をならべてできる行列 $A = \begin{pmatrix} a & b \\ c & d \end{pmatrix}$ を用いて

$$\frac{d\boldsymbol{u}(t)}{dt} = A\boldsymbol{u}(t) \tag{3.8}$$

と表される.

A の固有値, 固有ベクトルを用いて, (3.7) の解を表すことができる.

定理 3.1 連立微分方程式 (3.8) の係数行列 A が異なる 2 つの実数の固有値 λ_1, λ_2 をもつとする. $\begin{pmatrix} x_1 \\ y_1 \end{pmatrix}, \begin{pmatrix} x_2 \\ y_2 \end{pmatrix}$ を, それぞれ λ_1, λ_2 に対応する固有ベクトルとする. このとき, (3.8) の一般解は

$$\boldsymbol{u}(t) = C \begin{pmatrix} x_1 \\ y_1 \end{pmatrix} e^{\lambda_1 t} + D \begin{pmatrix} x_2 \\ y_2 \end{pmatrix} e^{\lambda_2 t} \tag{3.9}$$

と表される. ここで C, D は定数である. また, この解を成分で表すと

$$u_1(t) = Cx_1 e^{\lambda_1 t} + Dx_2 e^{\lambda_2 t} \tag{3.10}$$

$$u_2(t) = Cy_1 e^{\lambda_1 t} + Dy_2 e^{\lambda_2 t} \tag{3.11}$$

である.

証明 (3.9) が (3.8) の解であることは，次のように計算して確かめることができる．

$$\frac{d\boldsymbol{u}(t)}{dt} = C\lambda_1 \begin{pmatrix} x_1 \\ y_1 \end{pmatrix} e^{\lambda_1 t} + D\lambda_2 \begin{pmatrix} x_2 \\ y_2 \end{pmatrix} e^{\lambda_2 t}$$

$$= CA \begin{pmatrix} x_1 \\ y_1 \end{pmatrix} e^{\lambda_1 t} + DA \begin{pmatrix} x_2 \\ y_2 \end{pmatrix} e^{\lambda_2 t}$$

$$= A\boldsymbol{u}(t).$$

また，この解は，任意定数を 2 つ含んでいるので一般解である．

問題 3.2.1 (3.10), (3.11) で与えた $u_1(t), u_2(t)$ が連立微分方程式の解になっていることを，成分を計算して確かめよ．

注意 3.1 連立微分方程式 (3.7) を u_1 に関する 2 階線形微分方程式に書き直して特性方程式を求めると

$$\lambda^2 - (a+d)\lambda + ad - bc = 0$$

で，その解 λ_1, λ_2 は A の固有値である．第 2 章で学んだように，この 2 階線形微分方程式の一般解は定数 C, D を用いて

$$u_1(t) = Ce^{\lambda_1 t} + De^{\lambda_2 t}$$

と表される．u_2 は連立微分方程式に戻って求めることができる．これは (3.10) と同じ内容を表している．(3.10), (3.11) のように固有ベクトルを用いた解の表現は一見複雑なように思えるが，3.3 節で述べる相平面における解の挙動の考察にはたいへん便利である．

例題 3.2.1 次の連立微分方程式の一般解を求めよ．

$$\frac{d}{dt}\begin{pmatrix} u_1 \\ u_2 \end{pmatrix} = \begin{pmatrix} 1 & 2 \\ 2 & -2 \end{pmatrix} \begin{pmatrix} u_1 \\ u_2 \end{pmatrix}$$

解 係数行列の固有値は

$$\begin{vmatrix} \lambda - 1 & -2 \\ -2 & \lambda + 2 \end{vmatrix} = \lambda^2 + \lambda - 6 = (\lambda + 3)(\lambda - 2)$$

より，$\lambda_1 = -3, \lambda_2 = 2$ である．$\lambda_1 = -3$ に対応する固有ベクトルは，連立 1 次方程式

$$-4x - 2y = 0$$

$$-2x - y = 0$$

を解いて，$\begin{pmatrix} x \\ y \end{pmatrix} = c \begin{pmatrix} 1 \\ -2 \end{pmatrix}$ と求められる．$c \neq 0$ は任意の定数である．代表的なものをえらんで，$\begin{pmatrix} x_1 \\ y_1 \end{pmatrix} = \begin{pmatrix} 1 \\ -2 \end{pmatrix}$ としよう．$\lambda_2 = 2$ に対応する固有ベクトルも，同様に考えて，$\begin{pmatrix} x \\ y \end{pmatrix} = c \begin{pmatrix} 2 \\ 1 \end{pmatrix}$ と求められる．代表的なものとして $\begin{pmatrix} x_2 \\ y_2 \end{pmatrix} = \begin{pmatrix} 2 \\ 1 \end{pmatrix}$ としよう．

これらを用いて一般解は

$$\boldsymbol{u}(t) = C \begin{pmatrix} 1 \\ -2 \end{pmatrix} e^{-3t} + D \begin{pmatrix} 2 \\ 1 \end{pmatrix} e^{2t} \tag{3.12}$$

と表される．固有ベクトルを別のものにとったときは (3.12) は別の表現になるが，任意定数 C, D の自由度によって，同じ解を表している．

注意 3.2 注意 3.1 で述べたことをこの方程式についてもう一度述べる．この連立微分方程式を，3.1 節で述べたように u_1 に関する 2 階線形微分方程式に書直すと

$$u_1'' + u_1' - 6u_1 = 0$$

であるから，一般解は $u_1 = Ce^{-3t} + De^{2t}$ と求められる．対応する u_2 を連立微分方程式の第 1 式から求めると，一般解は

$$u_1 = Ce^{-3t} + De^{2t}$$

である．これは任意定数の選び方だけの違いで (3.12) と同じ解を表している．

問題 3.2.2 次の連立微分方程式の一般解を求めよ．

(1) $\dfrac{d}{dt}\begin{pmatrix} u_1 \\ u_2 \end{pmatrix} = \begin{pmatrix} 1 & -2 \\ 3 & -4 \end{pmatrix}\begin{pmatrix} u_1 \\ u_2 \end{pmatrix}$
(2) $\dfrac{d}{dt}\begin{pmatrix} u_1 \\ u_2 \end{pmatrix} = \begin{pmatrix} -5 & 9 \\ -2 & 6 \end{pmatrix}\begin{pmatrix} u_1 \\ u_2 \end{pmatrix}$

(3) $\dfrac{d}{dt}\begin{pmatrix} u_1 \\ u_2 \end{pmatrix} = \begin{pmatrix} 2 & -1 \\ 6 & -3 \end{pmatrix}\begin{pmatrix} u_1 \\ u_2 \end{pmatrix}$
(4) $\dfrac{d}{dt}\begin{pmatrix} u_1 \\ u_2 \end{pmatrix} = \begin{pmatrix} 1 & 2 \\ -4 & 7 \end{pmatrix}\begin{pmatrix} u_1 \\ u_2 \end{pmatrix}$

(**余裕があるときの話題**) 固有値が複素数になる場合には，固有値は $\lambda = \alpha \pm i\beta$ と表される．複素数の指数関数を

$$e^{\alpha t + i\beta t} = e^{\alpha t}(\cos\beta t + i\sin\beta t)$$

と考えれば，定理の結論はそのまま成り立つ．このときには，固有ベクトルも一般に複素ベクトルである．定数 C, D も複素数としてよい．

実数値の一般解を求めるには，$\alpha \pm i\beta$ に対応する固有ベクトルを

$$\begin{pmatrix} x \\ y \end{pmatrix} = \begin{pmatrix} p \\ q \end{pmatrix} + i\begin{pmatrix} \xi \\ \eta \end{pmatrix}$$

と表すときに $\begin{pmatrix} x \\ y \end{pmatrix} e^{(\alpha + i\beta)t}$ は複素数値の解であるが，その実部と虚部がそれぞれ実数値の解になっていることから，これらを基本解に選んで，

$$\begin{aligned}
\boldsymbol{u}(t) &= C\left\{\begin{pmatrix} p \\ q \end{pmatrix}\cos\beta t - \begin{pmatrix} \xi \\ \eta \end{pmatrix}\sin\beta t\right\}e^{\alpha t} \\
&\quad + D\left\{\begin{pmatrix} p \\ q \end{pmatrix}\sin\beta t + \begin{pmatrix} \xi \\ \eta \end{pmatrix}\cos\beta t\right\}e^{\alpha t} \\
&= \left\{C\begin{pmatrix} p \\ q \end{pmatrix} + D\begin{pmatrix} \xi \\ \eta \end{pmatrix}\right\}e^{\alpha t}\cos\beta t \\
&\quad + \left\{D\begin{pmatrix} p \\ q \end{pmatrix} - C\begin{pmatrix} \xi \\ \eta \end{pmatrix}\right\}e^{\alpha t}\sin\beta t
\end{aligned} \tag{3.13}$$

と求めることができる．

例題 3.2.2 連立微分方程式

$$\frac{d}{dt}\begin{pmatrix} u_1 \\ u_2 \end{pmatrix} = \begin{pmatrix} -1 & -7 \\ 1 & 3 \end{pmatrix}\begin{pmatrix} u_1 \\ u_2 \end{pmatrix}$$

の，実数値の一般解を求めよう．

より，$\lambda = 1 \pm \sqrt{3}i$ となり，複素数の固有値をもつ．$\lambda = 1 + \sqrt{3}i$ に対する固有ベクトルは，

$$\begin{pmatrix} x \\ y \end{pmatrix} = c \begin{pmatrix} -7 \\ 2 + \sqrt{3}i \end{pmatrix}$$

と求められる．定数 $c \neq 0$ は，任意の複素数である．代表的な固有ベクトルとして $\begin{pmatrix} -7 \\ 2 + \sqrt{3}i \end{pmatrix}$ を選ぶと，

$$\boldsymbol{v}(t) = \begin{pmatrix} -7 \\ 2 + \sqrt{3}i \end{pmatrix} e^{(1+\sqrt{3}i)t}$$

$$= \left\{ \begin{pmatrix} -7 \\ 2 \end{pmatrix} + \begin{pmatrix} 0 \\ \sqrt{3} \end{pmatrix} i \right\} e^t \left(\cos \sqrt{3}t + i \sin \sqrt{3}t \right)$$

が 1 つの解になっている．これを

$$\boldsymbol{v}(t) = e^t \left\{ \begin{pmatrix} -7 \\ 2 \end{pmatrix} \cos \sqrt{3}t - \begin{pmatrix} 0 \\ \sqrt{3} \end{pmatrix} \sin \sqrt{3}t \right\}$$

$$+ i e^t \left\{ \begin{pmatrix} -7 \\ 2 \end{pmatrix} \sin \sqrt{3}t + \begin{pmatrix} 0 \\ \sqrt{3} \end{pmatrix} \cos \sqrt{3}t \right\}$$

と表すと，実部，虚部がそれぞれ，実数値の連立微分方程式の解になっている．したがって，これらを基本解に選ぶことができ，

$$\boldsymbol{u}(t) = \left\{ C \begin{pmatrix} -7 \\ 2 \end{pmatrix} + D \begin{pmatrix} 0 \\ \sqrt{3} \end{pmatrix} \right\} e^t \cos \sqrt{3}t$$

$$+ \left\{ D \begin{pmatrix} -7 \\ 2 \end{pmatrix} - C \begin{pmatrix} 0 \\ \sqrt{3} \end{pmatrix} \right\} e^t \sin \sqrt{3}t$$

が一般解を表す．定数 C, D は任意の実数である．

固有値が重解となる場合については，第 5 章で述べる．

問題 3.2.3 次の連立微分方程式の実数値の一般解を求めよ．

(1) $\dfrac{d}{dt} \begin{pmatrix} u_1 \\ u_2 \end{pmatrix} = \begin{pmatrix} -3 & -2 \\ 5 & -1 \end{pmatrix} \begin{pmatrix} u_1 \\ u_2 \end{pmatrix}$
(2) $\dfrac{d}{dt} \begin{pmatrix} u_1 \\ u_2 \end{pmatrix} = \begin{pmatrix} 6 & 5 \\ -1 & 2 \end{pmatrix} \begin{pmatrix} u_1 \\ u_2 \end{pmatrix}$

(3) $\dfrac{d}{dt} \begin{pmatrix} u_1 \\ u_2 \end{pmatrix} = \begin{pmatrix} 4 & 10 \\ -2 & -4 \end{pmatrix} \begin{pmatrix} u_1 \\ u_2 \end{pmatrix}$
(4) $\dfrac{d}{dt} \begin{pmatrix} u_1 \\ u_2 \end{pmatrix} = \begin{pmatrix} -1 & 2 \\ -7 & 5 \end{pmatrix} \begin{pmatrix} u_1 \\ u_2 \end{pmatrix}$

3.3 相平面 (第 10 講)

t をパラメータとし，関数 $u_1(t), u_2(t)$ をそれぞれ平面内の点 P の x 座標，y 座標と考えると，$u_1(t), u_2(t)$ により点 P が t に従って運動する様子が表されていると考えられる．

$(u_1(t), u_2(t))$ のグラフは，平面内の曲線を描く．t に従って点 P が運動し，その軌跡が曲線として表される．

$u_1(t)$, $u_2(t)$ が連立微分方程式

$$\frac{du_1(t)}{dt} = au_1(t) + bu_2(t),$$

$$\frac{du_2(t)}{dt} = cu_1(t) + du_2(t)$$

の解であるときには，解曲線 $(u_1(t), u_2(t))$ を表す平面を**相平面 (phase space)** という．解曲線の接線の傾きは $(u_1{}'(t), u_2{}'(t))$ である．この接線をベクトルと考えると，微分方程式の等式は，各点 $(u_1(t), u_2(t))$ ごとに接線ベクトルが係数行列 A とベクトル $(u_1(t), u_2(t))$ をかけて得られるベクトル

$$A \begin{pmatrix} u_1(t) \\ u_2(t) \end{pmatrix} = \begin{pmatrix} a & b \\ c & d \end{pmatrix} \begin{pmatrix} u_1(t) \\ u_2(t) \end{pmatrix} = \begin{pmatrix} au_1(t) + bu_2(t) \\ cu_1(t) + du_2(t) \end{pmatrix}$$

とに一致していることを表している．一般に，平面上の各点 (x, y) に対して行列 A によりベクトル $A \begin{pmatrix} x \\ y \end{pmatrix} = \begin{pmatrix} ax + by \\ cx + dy \end{pmatrix}$ を対応させることができる．これを A によって定まる**ベクトル場**という．すなわち，微分方程式の解曲線は係数行列によって定まるベクトル場に，各点で接している．ベクトル場 $A \begin{pmatrix} x \\ y \end{pmatrix}$ は，行列 A の固有値と固有ベクトルによってその向きや大きさの様子が異なる．したがって，相平面上の解曲線も，係数行列 A の固有値によってその形がいくつかのパターンに分類できる．それらのうちから主なものを紹介しよう．

 (1) 2 つの異なる実数の固有値 λ_1, λ_2 をもち，それらがともに正の場合を考えよう．

$\begin{pmatrix} x_1 \\ y_1 \end{pmatrix}$ を固有値 $\lambda_1 > 0$ の 1 つの固有ベクトルとする．$A \begin{pmatrix} x_1 \\ y_1 \end{pmatrix} = \lambda_1 \begin{pmatrix} x_1 \\ y_1 \end{pmatrix}$ であるから，固有ベクトルの定める直線 $\ell(\lambda_1)$ 上でベクトル場は原点から見て外向き (遠ざかる方向) になっている．固有値 $\lambda_2 > 0$ についても同じである．一般

のベクトルについては固有ベクトル $\begin{pmatrix} x_1 \\ y_1 \end{pmatrix}, \begin{pmatrix} x_2 \\ y_2 \end{pmatrix}$ を用いて

$$\begin{pmatrix} x \\ y \end{pmatrix} = c_1 \begin{pmatrix} x_1 \\ y_1 \end{pmatrix} + c_2 \begin{pmatrix} x_2 \\ y_2 \end{pmatrix}$$

と表せるので

$$A \begin{pmatrix} x \\ y \end{pmatrix} = \lambda_1 c_1 \begin{pmatrix} x_1 \\ y_1 \end{pmatrix} + \lambda_2 c_2 \begin{pmatrix} x_2 \\ y_2 \end{pmatrix}$$

となり,やはり原点から見て外向きになっている.解曲線 $(u_1(t), u_2(t))$ はこのベクトル場に接するのだから,t が大きくなると解曲線は原点から遠ざかっていくことがわかる.この様子を図 3.1 に描いた.初期値を点線で表された円周上にとり,ベクトル場と解曲線を描いた.2 本の直線は固有ベクトルの定める直線 $\ell(\lambda_1), \ell(\lambda_2)$ を表している.図 3.2, 3.3, 3.5, 3.6 でも同様である.

また,2 つの異なる実数の固有値 λ_1, λ_2 がともに負のときには逆に,t とともに解曲線は原点に近づいていく.この様子を図 3.2 に描いた.

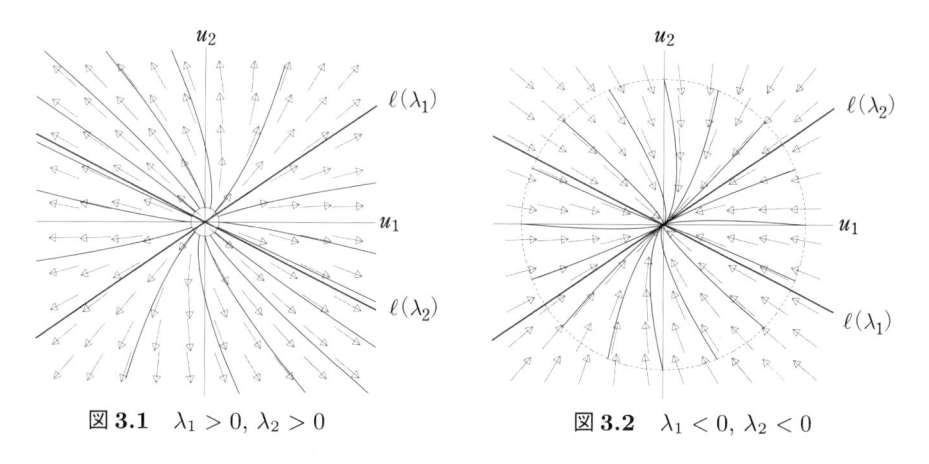

図 3.1 $\lambda_1 > 0, \lambda_2 > 0$

図 3.2 $\lambda_1 < 0, \lambda_2 < 0$

(2) 2 つの異なる実数の固有値 λ_1, λ_2 が異符号の場合を考えよう.固有ベクトルを上と同じ記号で表す.

$\lambda_1 < 0 < \lambda_2$ とする．一般解を成分で表すと

$$u_1(t) = Cx_1 e^{\lambda_1 t} + Dx_2 e^{\lambda_2 t}$$

$$u_2(t) = Cy_1 e^{\lambda_1 t} + Dy_2 e^{\lambda_2 t}$$

である．$x_2 \neq 0$ のときを考えよう．この解について $D \neq 0$ のときには (すなわち，$(u_1(t), u_2(t))$ が λ_1 の固有ベクトル方向と一致する解でなければ)

$$\frac{u_2(t)}{u_1(t)} = \frac{Cy_1 e^{\lambda_1 t} + Dy_2 e^{\lambda_2 t}}{Cx_1 e^{\lambda_1 t} + Dx_2 e^{\lambda_2 t}}$$

$$= \frac{Cy_1 e^{(\lambda_1 - \lambda_2)t} + Dy_2}{Cx_1 e^{(\lambda_1 - \lambda_2)t} + Dx_2}$$

であるから，$t \to \infty$ とすると $e^{(\lambda_1 - \lambda_2)t} \to 0$ を用いて

$$\lim_{t \to \infty} \frac{u_2(t)}{u_1(t)} = \frac{y_2}{x_2}$$

が得られる．すなわち，解曲線の傾きは t が大きくなるといくらでも正の固有値の固有ベクトルの方向 (直線 $\ell(\lambda_2)$) に近づいていく．図 3.3 にこの様子を描く．

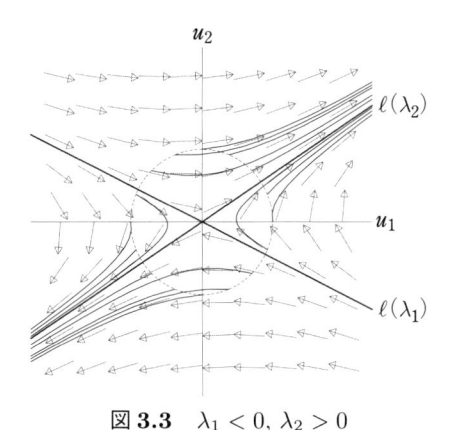

図 3.3 $\lambda_1 < 0, \lambda_2 > 0$

相平面内の解曲線の形によって，微分方程式の表す現象を解釈することができる．

例題 3.3.1 $u_1(t), u_2(t)$ が 2 種の生物 A, B の個体数 (または個体密度) についてのある状態からのずれを表すとする (したがって，負の値もとりうる).

$(u_1(t), u_2(t))$ が図 3.3 のようになっているときには，$t=0$ のときに，初期状態の個体数が一定の条件をみたせば (すなわち，直線 $\ell(\lambda_1)$ の上側の点を初期値とすれば)，一定の比率に近づきながら，個体数がどんどん増えていく．

2 階微分方程式
$$u'' + au' + bu = 0$$
は，$v(t) = u'(t)$ とすると，$u(t), v(t)$ に対する連立微分方程式
$$\frac{d}{dt}\begin{pmatrix} u(t) \\ v(t) \end{pmatrix} = \begin{pmatrix} 0 & 1 \\ -b & -a \end{pmatrix} \begin{pmatrix} u(t) \\ v(t) \end{pmatrix}$$
に書き換えることができる．この連立微分方程式に対しても，相平面で解曲線の様子を図示することができ，解の性質を読み取ることができる．

例題 3.3.2 例題 1.2.5 で取り上げたバネの運動を表す微分方程式
$$u'' + k^2 u = 0$$
について相平面で考えてみよう．$v = u'$ として連立微分方程式に書き直すと
$$\frac{d}{dt}\begin{pmatrix} u \\ v \end{pmatrix} = \begin{pmatrix} 0 & 1 \\ -k^2 & 0 \end{pmatrix} \begin{pmatrix} u \\ v \end{pmatrix}$$
である．この係数行列の固有値は
$$\begin{vmatrix} \lambda & -1 \\ k^2 & \lambda \end{vmatrix} = \lambda^2 + k^2 = 0$$
からわかるように，$\lambda = \pm ki$ であり，純虚数になる．このときには，実数値の一般解は

$$u(t) = C \cos kt + D \sin kt \tag{3.14}$$

$$v(t) = -kC \sin kt + kD \cos kt \tag{3.15}$$

だから，
$$\frac{u^2}{C^2+D^2} + \frac{v^2}{k^2(C^2+D^2)} = 1 \tag{3.16}$$
となり，相平面での解曲線は，図 3.4 のような楕円軌道を描く．この微分方程式では，$u(t)$ はおもりの位置を表し，$v(t) = u'(t)$ はおもりの速度を表している．相平面での解曲線が楕円であることは，この運動が周期運動であることに対応している．さらに，相平面の楕円軌道と u 軸の交点では，位置は最も左，または右にあるが速度は 0 であることを表している．これに対し，v 軸との交点は，位置は釣り合いの位置にあり変位は 0 であるが，速度は最も速くなっていることを表している．

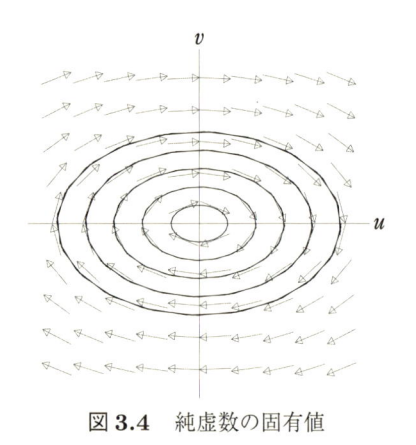

図 3.4 純虚数の固有値

問題 3.3.1 次の連立微分方程式において，係数行列の固有値と固有ベクトルを求めて一般解を求め，相平面での解曲線のパターンが図 3.1, 3.2, 3.3 のいずれであるか判定せよ．

(1) $\dfrac{d}{dt}\begin{pmatrix} u_1 \\ u_2 \end{pmatrix} = \begin{pmatrix} -6 & 3 \\ -4 & 1 \end{pmatrix}\begin{pmatrix} u_1 \\ u_2 \end{pmatrix}$
(2) $\dfrac{d}{dt}\begin{pmatrix} u_1 \\ u_2 \end{pmatrix} = \begin{pmatrix} 7 & -9 \\ 2 & -2 \end{pmatrix}\begin{pmatrix} u_1 \\ u_2 \end{pmatrix}$

(3) $\dfrac{d}{dt}\begin{pmatrix} u_1 \\ u_2 \end{pmatrix} = \begin{pmatrix} 4 & -5 \\ 2 & -3 \end{pmatrix}\begin{pmatrix} u_1 \\ u_2 \end{pmatrix}$
(4) $\dfrac{d}{dt}\begin{pmatrix} u_1 \\ u_2 \end{pmatrix} = \begin{pmatrix} -4 & -3 \\ 2 & 3 \end{pmatrix}\begin{pmatrix} u_1 \\ u_2 \end{pmatrix}$

3.3 相平面 (第10講)

(余裕があるときの話題) 上の例で，固有値が純虚数の場合の具体例を挙げた．一般に固有値が複素数の場合には，実数値の解は (3.13) で示したように，実数 P, Q, R, S を用いて

$$u_1(t) = e^{\alpha t}(P\cos\beta t + Q\sin\beta t)$$
$$u_2(t) = e^{\alpha t}(R\cos\beta t + S\sin\beta t)$$

と表される．簡単のために，行列 $\begin{pmatrix} P & Q \\ R & S \end{pmatrix}$ は逆行列をもつとする．

$$x(t) = P\cos\beta t + Q\sin\beta t$$
$$y(t) = R\cos\beta t + S\sin\beta t$$

を考えると t をパラメータとして曲線 $(x(t), y(t))$ は楕円を描く．($\cos\beta t, \sin\beta t$ について連立1次方程式を解いて $\sin^2\beta t + \cos^2\beta t = 1$ を用いる．計算には線形代数の結果を利用するので詳細は省く．(3.14), (3.15) から (3.16) が得られたのは，この計算の特別な場合である．)

この事実を用いると $\alpha > 0$ の場合には $\dfrac{u_1(t)}{e^{\alpha t}}, \dfrac{u_2(t)}{e^{\alpha t}}$ が $t \to \infty$ としても有界なので，$u_1(t), u_2(t)$ は $t \to \infty$ のとき $e^{\alpha t}$ に比例するように大きくなる (図3.5)．

$\alpha < 0$ の場合には，逆に，$t \to \infty$ のとき $u_1(t) \to 0, u_2(t) \to 0$ となる (図3.6)．$\alpha = 0$ の場合には $(u_1(t), u_2(t))$ は，上で述べたように，楕円を描く (図3.4)．固有ベクトルが実ベクトルではないので，固有ベクトルの方向は相平面には現れない．

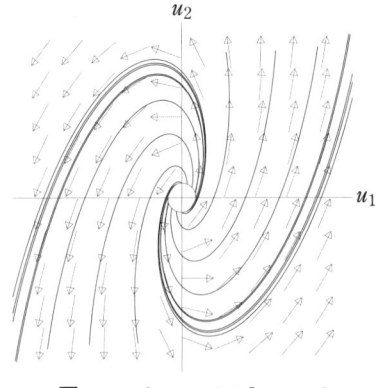

図 3.5 $\lambda = \alpha \pm i\beta, \alpha > 0$

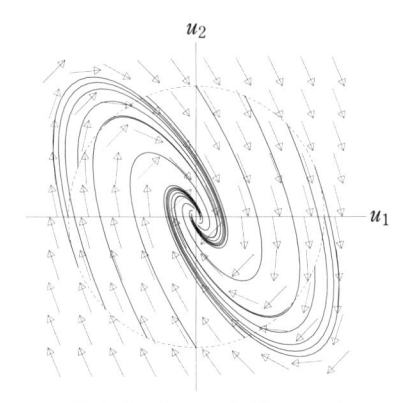

図 3.6 $\lambda = \alpha \pm i\beta, \alpha < 0$

問題 3.3.2 次の連立微分方程式において，係数行列の固有値と固有ベクトルを求めて解を求め，相平面での解曲線のパターンが図 3.4, 3.5, 3.6 のいずれであるか判定せよ．

(1) $\dfrac{d}{dt}\begin{pmatrix} u_1 \\ u_2 \end{pmatrix} = \begin{pmatrix} 4 & -2 \\ 1 & 2 \end{pmatrix}\begin{pmatrix} u_1 \\ u_2 \end{pmatrix}$ (2) $\dfrac{d}{dt}\begin{pmatrix} u_1 \\ u_2 \end{pmatrix} = \begin{pmatrix} 1 & 2 \\ -4 & -3 \end{pmatrix}\begin{pmatrix} u_1 \\ u_2 \end{pmatrix}$

(3) $\dfrac{d}{dt}\begin{pmatrix}u_1\\u_2\end{pmatrix}=\begin{pmatrix}1&2\\-5&-1\end{pmatrix}\begin{pmatrix}u_1\\u_2\end{pmatrix}$ (4) $\dfrac{d}{dt}\begin{pmatrix}u_1\\u_2\end{pmatrix}=\begin{pmatrix}2&3\\-3&-2\end{pmatrix}\begin{pmatrix}u_1\\u_2\end{pmatrix}$

3.4 演習問題 (第10講)

— 演習問題 A —

問題 1 次の連立微分方程式の一般解を求めよ．また，相平面での解曲線のパターンを判定せよ．

(1) $\dfrac{d}{dt}\begin{pmatrix}u_1\\u_2\end{pmatrix}=\begin{pmatrix}-2&-6\\2&5\end{pmatrix}\begin{pmatrix}u_1\\u_2\end{pmatrix}$ (2) $\dfrac{d}{dt}\begin{pmatrix}u_1\\u_2\end{pmatrix}=\begin{pmatrix}6&0\\-2&1\end{pmatrix}\begin{pmatrix}u_1\\u_2\end{pmatrix}$

(3) $\dfrac{d}{dt}\begin{pmatrix}u_1\\u_2\end{pmatrix}=\begin{pmatrix}10&3\\-4&2\end{pmatrix}\begin{pmatrix}u_1\\u_2\end{pmatrix}$ (4) $\dfrac{d}{dt}\begin{pmatrix}u_1\\u_2\end{pmatrix}=\begin{pmatrix}2&-1\\3&6\end{pmatrix}\begin{pmatrix}u_1\\u_2\end{pmatrix}$

問題 2 次の連立微分方程式の一般解を求めよ．また，相平面での解曲線のパターンを判定せよ．

(1) $\dfrac{d}{dt}\begin{pmatrix}u_1\\u_2\end{pmatrix}=\begin{pmatrix}-6&-3\\5&2\end{pmatrix}\begin{pmatrix}u_1\\u_2\end{pmatrix}$ (2) $\dfrac{d}{dt}\begin{pmatrix}u_1\\u_2\end{pmatrix}=\begin{pmatrix}-4&-2\\3&1\end{pmatrix}\begin{pmatrix}u_1\\u_2\end{pmatrix}$

(3) $\dfrac{d}{dt}\begin{pmatrix}u_1\\u_2\end{pmatrix}=\begin{pmatrix}-2&0\\-3&-4\end{pmatrix}\begin{pmatrix}u_1\\u_2\end{pmatrix}$ (4) $\dfrac{d}{dt}\begin{pmatrix}u_1\\u_2\end{pmatrix}=\begin{pmatrix}-10&5\\-7&2\end{pmatrix}\begin{pmatrix}u_1\\u_2\end{pmatrix}$

問題 3 次の連立微分方程式の一般解を求めよ．また，相平面での解曲線のパターンを判定せよ．

(1) $\dfrac{d}{dt}\begin{pmatrix}u_1\\u_2\end{pmatrix}=\begin{pmatrix}-1&2\\1&0\end{pmatrix}\begin{pmatrix}u_1\\u_2\end{pmatrix}$ (2) $\dfrac{d}{dt}\begin{pmatrix}u_1\\u_2\end{pmatrix}=\begin{pmatrix}8&9\\-6&-7\end{pmatrix}\begin{pmatrix}u_1\\u_2\end{pmatrix}$

(3) $\dfrac{d}{dt}\begin{pmatrix}u_1\\u_2\end{pmatrix}=\begin{pmatrix}3&0\\-2&-5\end{pmatrix}\begin{pmatrix}u_1\\u_2\end{pmatrix}$ (4) $\dfrac{d}{dt}\begin{pmatrix}u_1\\u_2\end{pmatrix}=\begin{pmatrix}4&-9\\-6&1\end{pmatrix}\begin{pmatrix}u_1\\u_2\end{pmatrix}$

── 演習問題 B ──

問題 1 次の連立微分方程式の一般解を求めよ．また，相平面での解曲線のパターンを判定せよ．

(1) $\dfrac{d}{dt}\begin{pmatrix}u_1\\u_2\end{pmatrix}=\begin{pmatrix}-2 & 1\\-1 & -2\end{pmatrix}\begin{pmatrix}u_1\\u_2\end{pmatrix}$ (2) $\dfrac{d}{dt}\begin{pmatrix}u_1\\u_2\end{pmatrix}=\begin{pmatrix}2 & -1\\3 & 2\end{pmatrix}\begin{pmatrix}u_1\\u_2\end{pmatrix}$

(3) $\dfrac{d}{dt}\begin{pmatrix}u_1\\u_2\end{pmatrix}=\begin{pmatrix}-3 & 4\\-2 & 1\end{pmatrix}\begin{pmatrix}u_1\\u_2\end{pmatrix}$ (4) $\dfrac{d}{dt}\begin{pmatrix}u_1\\u_2\end{pmatrix}=\begin{pmatrix}1 & 2\\-3 & 5\end{pmatrix}\begin{pmatrix}u_1\\u_2\end{pmatrix}$

問題 2 次の連立微分方程式の一般解を求めよ．また，相平面での解曲線のパターンを判定せよ．

(1) $\dfrac{d}{dt}\begin{pmatrix}u_1\\u_2\end{pmatrix}=\begin{pmatrix}0 & 2\\-2 & 0\end{pmatrix}\begin{pmatrix}u_1\\u_2\end{pmatrix}$ (2) $\dfrac{d}{dt}\begin{pmatrix}u_1\\u_2\end{pmatrix}=\begin{pmatrix}-1 & -2\\5 & 1\end{pmatrix}\begin{pmatrix}u_1\\u_2\end{pmatrix}$

問題 3 $\boldsymbol{u}(t)=\begin{pmatrix}u_1(t)\\u_2(t)\end{pmatrix}$, $\boldsymbol{v}(t)=\begin{pmatrix}v_1(t)\\v_2(t)\end{pmatrix}$ を連立微分方程式 (3.7) の解とする．定数 C, D を用いて，$\boldsymbol{w}(t)=C\boldsymbol{u}(t)+D\boldsymbol{v}(t)$ とすると，$\boldsymbol{w}(t)$ も解であることを示せ．この事実により，連立微分方程式 (3.7) も線形方程式である．

問題 4 2階微分方程式

$$u''(t)+au'(t)+bu(t)=0 \qquad (*)$$

について，次の問に答えよ．a, b は定数とする．

(i) $u_1(t)=u(t), u_2(t)=u'(t)$ とすると，u_1, u_2 は，連立微分方程式

$$\dfrac{d}{dt}\begin{pmatrix}u_1\\u_2\end{pmatrix}=\begin{pmatrix}0 & 1\\-b & -a\end{pmatrix}\begin{pmatrix}u_1\\u_2\end{pmatrix} \qquad (**)$$

をみたすことを示せ．

(ii) 行列

$$A=\begin{pmatrix}0 & 1\\-b & -a\end{pmatrix}$$

の固有値が $(*)$ の特性方程式 $\lambda^2 + a\lambda + b = 0$ の解であることを示せ.

(iii) $(*)$ の特性方程式が, 2 つの異なる実数解 λ_1, λ_2 をもつとする. (ii) より λ_1, λ_2 が行列 A の固有値であるが, それぞれに対応する固有ベクトルが

$$c \begin{pmatrix} 1 \\ \lambda_1 \end{pmatrix}, \quad c \begin{pmatrix} 1 \\ \lambda_2 \end{pmatrix}, \quad (c \neq 0)$$

であることを示せ.

(iv) (iii) で得られた固有ベクトルを用いて得られる連立微分方程式 $(**)$ の解のうち, $u_1(t)$ は, 2 階微分方程式 $(*)$ の一般解であることを確かめよ.

第4章

ベクトル場と微分方程式

4.1 変数分離形微分方程式 (第11講)

1階微分方程式が, 関数 $f(t,u)$ を用いて

$$u'(t) = f(t, u(t)) \tag{4.1}$$

の形をしているときには, **正規形**であると呼ばれる.「変化の割合 u' は, 変数 t と現在の状況 $u(t)$ の関数で表される」と解釈できるので, 応用上もこの形の微分方程式が現れることが多い.

特に, f が2つの関数の積で表されていて,

$$u'(t) = g(t)h(u(t)) \tag{4.2}$$

の形のときには, **変数分離形**であると呼ばれる. この微分方程式は, 次のようにして解を求めることができる.

導関数 $\dfrac{du}{dt} = u'$ を, 記号的に $du = u'\,dt$ と表す. 微分の記号を知っている読者は, その延長だと考えればよい.

(4.2) は

$$\frac{du}{dt} = g(t)h(u)$$

とも表せるので, 微分の記号を用いて, $du = g(t)h(u)\,dt$ と書き換える. u も変数と考えて

$$\frac{du}{h(u)} = g(t)\,dt$$

と変形して，両辺に積分記号をつけると
$$\int \frac{du}{h(u)} = \int g(t)\,dt$$
である (このように変形できることが，変数分離形と呼ばれる所以である)．両辺の積分を計算して，任意定数を含む関係式が得られる．これより，u を t の式で表せば，微分方程式の解である．

この方法は，すでに，1 階線形微分方程式の解を求めるときにも用いた方法である．

例題 4.1.1 次の微分方程式
$$\frac{du}{dt} = u(u-1)$$
の一般解を求めよ．また，$t=0$ のとき，初期条件 $u(0)=2$ をみたす解を求めよ．

解 u と t を両辺に分けて，積分記号をつけると
$$\int \frac{du}{u(u-1)} = \int dt$$
である．左辺は
$$\int \frac{du}{u(u-1)} = \int \left(\frac{1}{u-1} - \frac{1}{u}\right) du$$
$$= \log|u-1| - \log|u| = \log\left|\frac{u-1}{u}\right|$$
と計算できるので
$$\log\left|\frac{u-1}{u}\right| = t + C$$
である．これより，定数を取り換えて，
$$\frac{u-1}{u} = Ae^t$$
を得る．これを u について解けば
$$u = \frac{1}{1 - Ae^t}$$

と求められる．初期条件をみたすには
$$\frac{1}{1-A} = 2$$
をみたさなければならないので，$A = \dfrac{1}{2}$ と求められ，このときの解は
$$u(t) = \frac{2}{2-e^t}$$
である．

得られた関係式から u を t の式で表すことが困難な場合には，陰関数として間接的に求められたと考えればよい．

問題 4.1.1 次の微分方程式の一般解を求めよ．

(1) $u' = 2u(u+1)$ (2) $u' = u^2 \sin t$

(3) $u' = -\dfrac{t}{u}$ (4) $u' = -\dfrac{u+1}{t+1}$

問題 4.1.2 次の初期値問題の解を求めよ．

(1) $u' = 2tu(u-1), \ u(0) = 3$ (2) $u' = 1 + u^2, \ u(0) = 0$

(3) $u' = -\dfrac{2tu^2}{1+t^2}, \ u(0) = 1$ (4) $u' = -e^{2t}(2u-1)^2, \ u(0) = 1$

4.2 積分曲線 (第12講)

正規形の1階微分方程式
$$\frac{du}{dt} = f(t, u) \tag{4.3}$$
を考える．t-u 平面の各点 (t, u) においてベクトル $(1, f(t, u))$ を対応させる．このようにある領域の各点ごとにベクトルが対応しているときに，その領域とベクトルを**ベクトル場**という．代表的なベクトル場は，連立微分方程式の相平面であり，すでに考察した．

ここでは，微分方程式 (4.3) から定まるベクトル場として

$$\text{点 } (t, u) \text{ に対して，ベクトル } (1, f(t, u))$$

を考察する．

微分方程式を眺めると，左辺は解 $u(t)$ の傾きであり，それが右辺に等しいことは，解曲線の接線がベクトル場に一致することを表している．

また，t-u 平面に 1 つの点を決めると，ベクトル場に沿って，各点でベクトルを接線とする曲線が定まる．この曲線を，ベクトル場から定まる**積分曲線**という．おのおのの積分曲線は，曲線上の 1 点を初期値とする解のグラフを表している．

これらのことは，次の図をみれば容易に理解できるであろう．図 4.1 は，例題 4.1.1 で考えた微分方程式から得られるベクトル場と，解曲線である．この図を見ると，初期値が $0 < u(0) < 1$ ならば，解が減衰していき，$1 < u(0)$ ならば，解が増大していくことがわかる．解が具体的な式で求められなくても，解の様子を知ることができるので，実際の現象のモデルとして利用するときには有効なことがある．

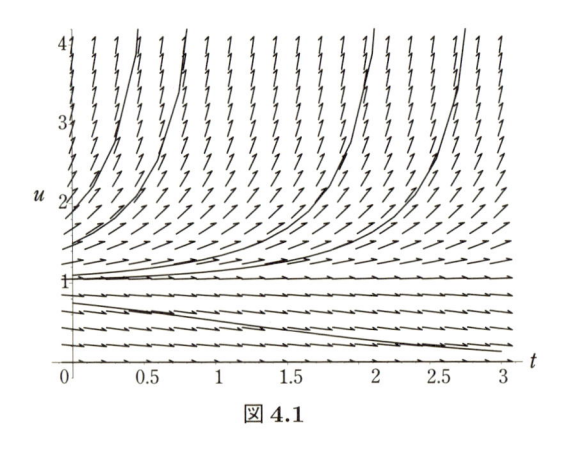

図 4.1

例題 4.2.1 次の図 4.2 は，微分方程式

$$u'(t) = u(t)(1 - u(t))$$

から得られるベクトル場を描いたものである．これより，解の様子を想像するこ

とができる．初期値が $0 < u(0) < 1$ ならば解は単調に増加しながら 1 に近づいていく．これに対し，初期値が $1 < u(0)$ ならば，単調に減少しながら 1 に近づいていく．ベクトル場に沿った曲線を描いてみるとよい．

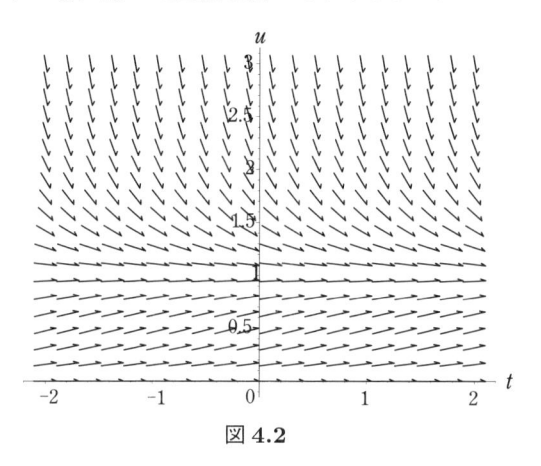

図 4.2

問題 4.2.1 次の問に答えよ．
(1) 例題 4.2.1 の微分方程式 $u' = u(1-u)$ を初期条件 $u(0) = u_0$ のもとで解け．
(2) $u_0 = \dfrac{1}{2}, u_0 = 1, u_0 = \dfrac{3}{2}$ の場合の解のグラフの概形を描け．
(3) (2) で描いたグラフの概形を，(1) で求めた $u(t)$ の具体的な表示式からではなく，微分方程式から得られるベクトル場を用いて説明せよ．

4.3 折れ線近似と数値解法 (第 13 講)

1 階の正規形微分方程式
$$\frac{du}{dt} = f(t, u) \tag{4.4}$$
を考える．

f の式が複雑なら解 $u(t)$ を直接式で表示することは一般に困難である．応用上は解の値の近似値を求めたり，解の様子を近似的にグラフに描いたりすることで十分なことが多い．さらに，真の解 (それが具体的には求まらなくても) と得られた**近似解**との誤差が評価できていれば，近似解の信頼性が一層高まることになる．

コンピュータを用いると，(4.4) の近似解を数値的に求めたり，近似解のグラフを描いたりすることができる．ここでは，具体的なソフトウェアを用いて近似解を求めることはせず，近似解を求める素朴なアイデアを紹介する．このアルゴリズムを，**オイラー法**という．コンピュータのソフトウェアなどで応用上用いられる方法は，この素朴なアイデアの精度を高めたり，計算速度を速めたりするために改良されたものである．第6章で Octave を用いた近似解の求め方を紹介する．

微分方程式

$$u'(t) = f(t, u(t))$$

の，初期条件 $u(0) = u_0$ をみたす近似解を区間 $[0, t]$ 上で次のように構成する．まず，t 軸に一定の幅 $h > 0$ の分点

$$0 = t_0 < t_1 < t_2 < \cdots < t_n < \cdots$$

を

$$t_n = t_0 + nh$$

と作る．最初に，点 (t_1, u_1) を

$$u_1 = u_0 + f(t_0, u_0)h$$

と定める．点 (t_0, u_0) から，この点でのベクトル場に沿って直線的に h だけ進めたのである．次に，点 (t_2, u_2) を

$$u_2 = u_1 + f(t_1, u_1)h$$

と定める．ここでも，点 (t_1, u_1) から，この点でもベクトル場に沿って直線的に進めたのである．

一般に，点 (t_{n-1}, u_{n-1}) が定まったとき，次の点 (t_n, u_n) を

$$u_n = u_{n-1} + f(t_{n-1}, u_{n-1})h$$

と定める．

こうして定まった点 $\{(t_n, u_n)\}$ を順に結んでできる折れ線が，求める近似解になる．この折れ線は，最初の点 (t_0, u_0) では解曲線の接線になっており，幅 h が小さければ，h だけ進んだ点 (t_1, u_1) も解曲線の近くにあるから，そこでのベク

トル場を接線とするようにのばした折れ線も，解曲線の近くにあるはずである．これを順次繰り返すのだから，幅 h が十分に小さければ，得られる折れ線が真の解曲線の近くにとれることになり，近似解が得られるのである．

例題 4.3.1 微分方程式
$$u'(t) = au(t)$$
において，初期条件 $u(0) = u_0$ をみたす近似解を構成してみよう．区間 $[0, t]$ を n 等分して $h = \dfrac{t}{n}$ とおく．順次，分点上での近似解の値を求めると

$$u_1 = u_0 + hf(t_0, u_0) = u_0 + ahu_0 = u_0(1 + ah)$$

$$u_2 = u_1 + hf(t_1, u_1) = u_1 + ahu_1 = u_1(1 + ah)$$
$$= u_0(1 + ah)^2$$

$$u_3 = u_2 + hf(t_2, u_2) = u_2 + ahu_2 = u_2(1 + ah)$$
$$= u_0(1 + ah)^3$$

となる．一般には
$$u_n = u_0(1 + ah)^n$$
である．分点以外の t では折れ線で値を定義して，近似解 $u_n(t)$ が得られる．ここでよく知られた極限値 $\displaystyle\lim_{n \to \infty} \left(1 + \frac{1}{n}\right)^n = e$ を用いると

$$u_0(1 + ah)^n = u_0\left(1 + \frac{at}{n}\right)^n \to u_0 e^{at}$$

となり，$n \to \infty$，すなわち分割をどんどん細かくすると近似解 $u_n(t)$ は真の解
$$u(t) = u_0 e^{at}$$
に近づいていることがわかる．次の図 4.3 では，折れ線の様子と真の解を図示した．

図 4.3 真の解と近似解

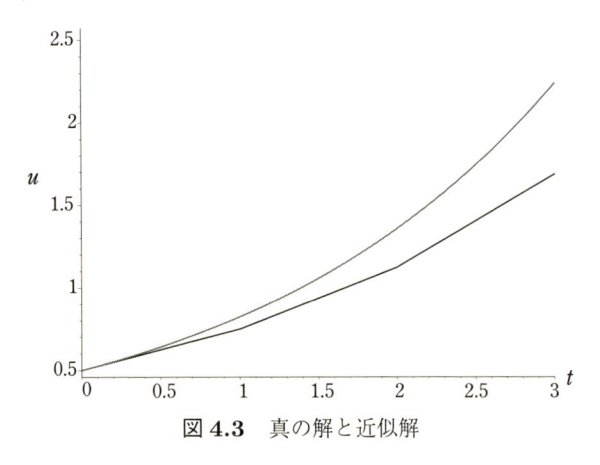

また，折れ線の幅 h を小さくしていくとき，折れ線が真の解にどんどん近づいていく様子を，図 4.4 で示す．

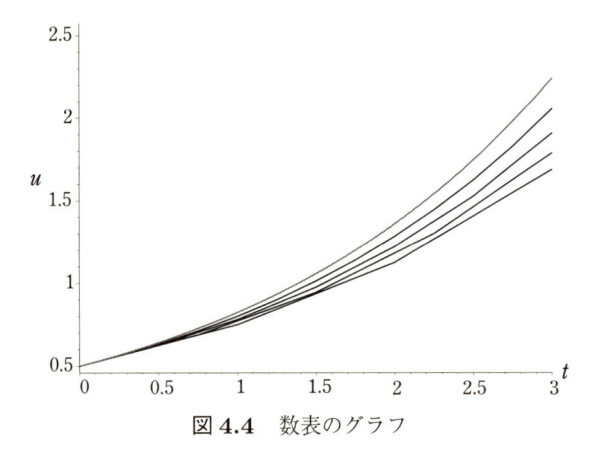

図 4.4 数表のグラフ

例題 4.3.2 上の図 4.4 は，微分方程式
$$u'(t) = 0.5u(t)$$
に対する，初期条件 $u(0) = 0.5$ のもとでの，折れ線による近似解の図である．この図を描くために用いた分点での近似解の値を一覧表にしてみると，幅 h を小さ

4.3 折れ線近似と数値解法 (第13講)　　61

くしていくにしたがって，真の解に近づいている様子が，数値でも読み取れる．小活字で表した数値は，オイラー法の分点として値を定めたのではなく，折れ線で結んで計算した値である．

$t \setminus h$	0.50	0.25	0.10	$u_0 e^{at}$
0.00	0.5000000000	0.5000000000	0.5000000000	0.5000000000
0.05	0.5125000000	0.5125000000	0.5125000000	0.5126575605
0.10	0.5250000000	0.5250000000	0.5250000000	0.5256355480
0.15	0.5375000000	0.5375000000	0.5381250000	0.5389420755
0.20	0.5500000000	0.5500000000	0.5512500000	0.5525854590
0.25	0.5625000000	0.5625000000	0.5650312500	0.5665742265
0.30	0.5750000000	0.5765625000	0.5788125000	0.5809171215
0.35	0.5875000000	0.5906250000	0.5932828125	0.5956231085
0.40	0.6000000000	0.6046875000	0.6077531250	0.6107013790
0.45	0.6125000000	0.6187500000	0.6229469530	0.6261613580
0.50	0.6250000000	0.6328125000	0.6381407810	0.6420127085
0.55	0.6406250000	0.6486328125	0.6540943008	0.6582653375
0.60	0.6562500000	0.6644531250	0.6700478205	0.6749294040
0.65	0.6718750000	0.6802734375	0.6867990160	0.6920153230
0.70	0.6875000000	0.6960937500	0.7035502115	0.7095337745
0.75	0.7031250000	0.7119140625	0.7211389668	0.7274957075
0.80	0.7187500000	0.7297119141	0.7387277220	0.7459123490
0.85	0.7343750000	0.7475097657	0.7571959150	0.7647052100
0.90	0.7500000000	0.7653076173	0.7756641080	0.7841560925
0.95	0.7656250000	0.7831054689	0.7950557108	0.8040070985
1.00	0.7812500000	0.8009033205	0.8144473135	0.8243606355

4.4 演習問題 (第 14 講)

— 演習問題 A —

問題 1 次の微分方程式の一般解を求めよ．

(1) $u' = -2tu^2$
(2) $u' = \sqrt{1-u^2}$
(3) $u' = \dfrac{t}{\sqrt{1+t^2}} e^{-u}$
(4) $u' = -\dfrac{1}{2}\cos t\, e^{\sin t} u^3$

問題 2 次のような

$$\frac{du}{dt} = f\left(\frac{u}{t}\right) \tag{4.5}$$

の形の微分方程式を，**同次形微分方程式**という．以下の問に答えよ．

(1) $v(t) = \dfrac{u(t)}{t}$ とおくとき，$u' = v + tv'$ を示せ．

(2) (4.5) を $v(t)$ に関する微分方程式に書き直すと，変数分離形になることを確かめよ．

(3) 以上の方法で，次の同次形の微分方程式を解け．

(i) $u' = \dfrac{2(t^2 + u^2)}{tu}$ (ii) $u' = \dfrac{2t-u}{t-2u}$

問題 3 次のような

$$\frac{du}{dt} = p(t)u + q(t)u^\alpha \tag{4.6}$$

の形の微分方程式を**ベルヌーイの微分方程式**という．以下の問に答えよ．

(1) $\alpha = 0, \alpha = 1$ のときは，いずれも線形微分方程式になっていることを確かめよ．

(2) $\alpha \neq 0, \alpha \neq 1$ とする．(4.6) の両辺を u^α で割って，$v(t) = u(t)^{1-\alpha}$ によって未知関数を $u(t)$ から $v(t)$ に変換すると，(4.6) は $v(t)$ に関する線形微分方程式になることを示せ．

(3) 以上の方法で，次のベルヌーイの微分方程式を解け．

(i) $u' = u + tu^2$ (ii) $2u' = \dfrac{1}{t}u - 2e^{t^2}u^3$

第 5 章

発展的な話題

5.1 変数係数 2 階線形微分方程式

本文では，2 階線形微分方程式については，定数係数，すなわち
$$u''(t) + au'(t) + bu(t) = 0$$
の場合のみを取りあげた．しかし，応用上では a, b も t の関数になっている
$$u''(t) + a(t)u'(t) + b(t)u(t) = 0$$
の形の微分方程式がしばしば登場する．ここでは，それらのうちからいくつかを紹介する．

5.1.1 ラゲールの微分方程式

次の例は，計算が多少面倒ではあるが，有名な微分方程式とその解である．

例題 5.1.1 $n = 1, 2, 3, \cdots$ に対して
$$L_n(t) = e^t \frac{d^n}{dt^n}(t^n e^{-t}) \tag{5.1}$$
で定義される多項式を**ラゲールの多項式**という．これがラゲールの微分方程式
$$tL_n'' + (1-t)L_n' + nL_n = 0 \tag{5.2}$$
をみたすことを確かめよ．

第 5 章 発展的な話題

解 具体的に多項式を求めて，微分方程式をみたすことを確かめよう．積の微分に関するライプニッツの公式より，ラゲールの多項式は

$$L_n(t) = e^t \frac{d^n}{dt^n}\left(t^n e^{-t}\right)$$

$$= e^t \sum_{k=0}^{n} \binom{n}{k} \frac{d^{n-k} t^n}{dt^{n-k}} \frac{d^k e^{-t}}{dt^k}$$

$$= \sum_{k=0}^{n} \binom{n}{k} \frac{(-1)^k n!}{k!} t^k$$

と求められる．これを微分して

$$L_n' = \sum_{k=1}^{n} \binom{n}{k} \frac{(-1)^k n!}{(k-1)!} t^{k-1} = \sum_{k=0}^{n-1} \binom{n}{k+1} \frac{(-1)^{k+1} n!}{k!} t^k$$

$$L_n'' = \sum_{k=2}^{n} \binom{n}{k} \frac{(-1)^k n!}{(k-2)!} t^{k-2}$$

である．添え字を書き換えて

$$tL_n'' = \sum_{k=2}^{n} \binom{n}{k} \frac{(-1)^k n!}{(k-2)!} t^{k-1} = \sum_{k=1}^{n-1} \binom{n}{k+1} \frac{(-1)^{k+1} n!}{(k-1)!} t^k$$

$$tL_n' = \sum_{k=1}^{n} \binom{n}{k} \frac{(-1)^k n!}{(k-1)!} t^k$$

であることより，微分方程式に代入して計算すると

$$tL_n'' + (1-t)L_n' + nL_n$$

$$= \left\{\binom{n}{1}\frac{(-1)n!}{0!} + \binom{n}{0}\frac{(-1)^0 n \cdot n!}{0!}\right\} t^0$$

$$+ \sum_{k=1}^{n-1} \left\{\binom{n}{k+1}\frac{(-1)^{k+1} n!}{(k-1)!} + \binom{n}{k+1}\frac{(-1)^{k+1} n!}{k!}\right.$$

$$\left. - \binom{n}{k}\frac{(-1)^k n!}{(k-1)!} + \binom{n}{k}\frac{(-1)^k n \cdot n!}{k!}\right\} t^k$$

$$+ \left\{-\binom{n}{n}\frac{(-1)^n n!}{(n-1)!} + \binom{n}{n}\frac{(-1)^n n \cdot n!}{n!}\right\} t^n$$

$$= \sum_{k=1}^{n-1} \frac{(-1)^k (n!)^2}{(n-k)!\, k!\, (k+1)!}$$
$$\times \{-(n-k)k - (n-k) - k(k+1) + n(k+1)\} t^k$$
$$= 0$$

と，ラゲールの微分方程式をみたすことが確かめられる．

ラゲールの多項式 $L_n(t)$ は，e^{-t} をかけて $L_n(t)e^{-t}$ の形で，区間 $[0,\infty)$ 上で利用されることが多い．そこで，$L_n(t)e^{-t}$, $n=1,2,\cdots,5$ のグラフを示しておく．

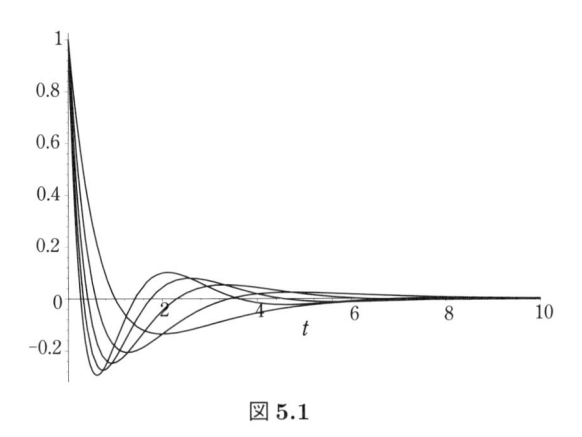

図 5.1

5.1.2 エルミートの微分方程式

次の微分方程式も，応用上よく現れる．

例題 5.1.2 $n = 1, 2, 3, \cdots$ に対して，

$$H_n(t) = (-1)^n e^{t^2} \frac{d^n}{dt^n} \left(e^{-t^2} \right) \tag{5.3}$$

で定義される関数を**エルミートの多項式**という．エルミートの多項式 $H_n(t)$ は，

エルミートの微分方程式

$$H_n'' - 2tH_n' + 2nH_n = 0 \tag{5.4}$$

をみたすことを確かめよ．

解 $y = e^{-t^2}$ とおくと，微分して $y' = -2te^{-t^2} = -2ty$ であるから

$$y' + 2ty = 0$$

が得られる．これを n 回微分すると

$$y^{(n+1)} + 2(ty^{(n)} + ny^{(n-1)}) = 0$$

である．この関係式に $(-1)^{n+1}e^{t^2}$ をかけて，漸化式

$$H_{n+1} - 2tH_n + 2nH_{n-1} = 0 \tag{5.5}$$

を得ることができる．一方，エルミートの多項式を微分して計算すると

$$H_n' = (-1)^n \left(2te^{t^2}(e^{-t^2})^{(n)} + e^{t^2}(e^{-t^2})^{(n+1)} \right)$$

$$= 2tH_n - H_{n+1}$$

$$= 2nH_{n-1}$$

である．ここで，最後の等号に (5.5) を用いた．この関係式をさらに微分して計算すると

$$H_n'' = 2nH_{n-1}'$$

$$= 2n(2tH_{n-1} - H_n)$$

$$= 2t \cdot 2nH_{n-1} - 2nH_n$$

$$= 2tH_n' - 2nH_n$$

が得られる．これがエルミートの微分方程式である．

エルミートの多項式 $H_n(t)$ は，e^{-t^2} をかけて，区間 $(-\infty, \infty)$ 上の関数として応用上よく用いられる．$H_n(t)e^{-t^2}$ $(n = 1, 2, \cdots, 5)$ のグラフを描くと次のようになっている．

図 5.2

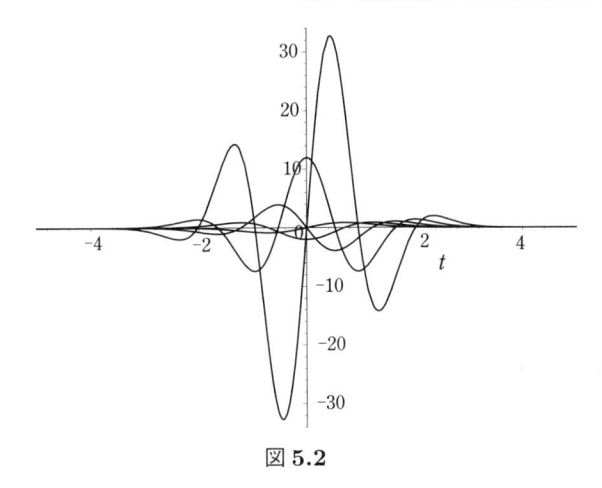

5.1.3　ベッセルの微分方程式

微分方程式

$$t^2 \frac{d^2 x}{dt^2} + t \frac{dx}{dt} + (t^2 - \nu^2)x = 0 \tag{5.6}$$

を考える．これをベッセルの微分方程式という．$\nu \geqq 0$ は定数である．

この微分方程式の解のなかで

$$\varphi(t) = t^s \sum_{n=0}^{\infty} a_n t^n$$

の形の解を探すことにする．s, a_n $(n=0,1,2,\cdots)$ をうまく定めようというのである．

$$\varphi'(t) = \sum_{n=0}^{\infty} (n+s) a_n t^{n+s-1}, \qquad \varphi''(t) = \sum_{n=0}^{\infty} (n+s)(n+s-1) a_n t^{n+s-2}$$

$$t\varphi'(t) = \sum_{n=0}^{\infty} (n+s) a_n t^{n+s}, \qquad t^2 \varphi''(t) = \sum_{n=0}^{\infty} (n+s)(n+s-1) a_n t^{n+s}$$

と計算できるから，微分方程式に代入して

$$\sum_{n=0}^{\infty} (n+s)(n+s-1) a_n t^{n+s} + \sum_{n=0}^{\infty} (n+s) a_n t^{n+s} + (t^2 - \nu^2) \sum_{n=0}^{\infty} a_n t^{n+s} = 0$$

より，
$$(s^2-\nu^2)a_0t^s + ((s+1)^2-\nu^2)a_1t^{1+s} + \sum_{n=2}^{\infty}\{((n+s)^2-\nu^2)a_n + a_{n-2}\}t^{n+s} = 0$$
となる．第 1 項より
$$s^2 - \nu^2 = 0$$
でなければならない．これより s が定まる．この関係式を**決定方程式**という．

ν の値に応じて，様々な状況が起こる．ここでは $\nu \geqq 0$ の場合のみを考察する．

まず，$\nu = 0$ の場合を考える．決定方程式から $s = 0$ なので，
$$\varphi(t) = \sum_{n=0}^{\infty} a_n t^n$$
の形の級数の形をした解が考えられる．上式で $s = \nu = 0$ とすると，
$$t^2\varphi''(t) + t\varphi'(t) + t^2\varphi(t) = a_1 t + \sum_{n=2}^{\infty}\{n^2 a_n + a_{n-2}\}t^n = 0$$
だから
$$a_1 = 0$$
$$a_n = -\frac{a_{n-2}}{n^2} \qquad (n = 2, 3, \cdots)$$
となる．これより，
$$a_{2m} = \frac{(-1)^m a_0}{(2m)^2(2m-2)^2\cdots 2^2} = \frac{(-1)^m}{2^{2m}(m!)^2}a_0 \qquad (m = 1, 2, \cdots)$$
$$a_{2m+1} = \cdots = a_1 = 0$$
が得られる．a_0 は任意定数であるが，特に $a_0 = 1$ として得られる解を $J_0(t)$ と表し，
$$J_0(t) = \sum_{m=0}^{\infty} \frac{(-1)^m}{(m!)^2}\left(\frac{t}{2}\right)^{2m}$$
を **0 次の第 1 種ベッセル関数**という．この級数 (無限和) は，すべての t で収束することが知られている．このことを，収束半径が ∞ であるという．関数のグラフは，次のようになっている．

5.1 変数係数2階線形微分方程式

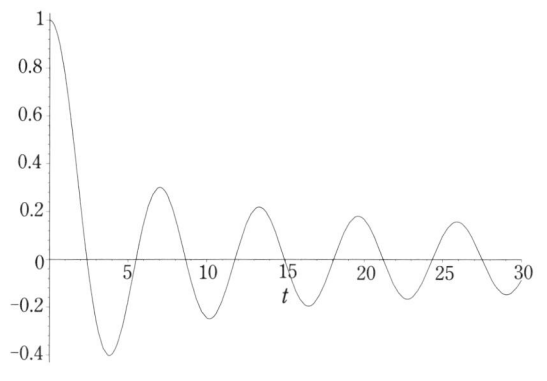

図 5.3

定数係数線形微分方程式の場合と同様に，一般の2階微分方程式

$$x''(t) + a(t)x'(t) + b(t)x(t) = 0$$

の解 $x(t)$ も2つの基本解 $\varphi_0(t), \varphi_1(t)$ を用いて

$$x(t) = A\varphi_0(t) + B\varphi_1(t) \qquad (A, B \text{ は定数})$$

と表される．

そこで，$J_0(t)$ 以外の解 $x(t)$ で，$J_0(t), x(t)$ が基本解になるような解 $x(t)$ を求めることが問題になる．2階の微分方程式の解が1つ知られているとき，それを利用してもう1つの解を求める方法を**階数低下法**という．

ここでは，$J_0(t)$ を利用して，$x(t) = J_0(t)u(t)$ という形の解 $x(t)$ を求めよう．$x(t)$ が解になるように $u(t)$ の条件を求める．

$$x'(t) = J_0'(t)u(t) + J_0(t)u'(t)$$

$$x''(t) = J_0''(t)u(t) + 2J_0'(t)u'(t) + J_0(t)u''(t)$$

であるから

$$\begin{aligned} t^2 x'' + tx' + t^2 x \\ = (t^2 J_0'' + t J_0' + t^2 J_0)u + t^2 J_0 u'' + (2J_0' t^2 + J_0 t)u' \\ = 0 \end{aligned}$$

となる．これより，
$$\frac{u''}{u'} = -2\frac{J_0{}'}{J_0} - \frac{1}{t}$$
に注意すると
$$\log u' = -2\log J_0 - \log t = -\log J_0{}^2 t$$
である．したがって，
$$u' = \frac{1}{J_0{}^2 t}$$
が得られる．
$$\frac{1}{(J_0(t))^2} = 1 + \sum_{m=1}^{\infty} b_{2m} t^{2m}$$
と表されるから
$$u'(t) = \frac{1}{t} + \sum_{m=1}^{\infty} b_{2m} t^{2m-1}$$
という形の級数展開をもっていることがわかる．この両辺を積分し，右辺では各項ごとに積分すると
$$u(t) = \log t + b_0 + \sum_{m=1}^{\infty} \frac{b_{2m}}{2m} t^{2m}$$
となる．b_0 は積分定数である．$x(t) = J_0(t)u(t)$ としたのだから係数を書き換えて
$$\varphi_1(t) = J_0(t)\log t + \sum_{m=0}^{\infty} c_{2m} t^{2m}$$
の形の解が存在することになる．これを求めよう．
$$\varphi_1{}'(t) = \sum_{m=1}^{\infty} 2m c_{2m} t^{2m-1} + \frac{J_0(t)}{t} + J_0{}'(t)\log t$$
$$\varphi_1{}''(t) = \sum_{m=1}^{\infty} (2m + 2m(2m-1))c_{2m} t^{2m-2} - \frac{J_0(t)}{t^2} + \frac{2J_0{}'(t)}{t} + J_0{}''(t)\log t$$

であるから，微分方程式に代入して

$$\sum_{m=1}^{\infty}\{(2m+2m(2m-1))c_{2m}+c_{2m-2}\}t^{2m}$$
$$-J_0+2J_0't+J_0+(t^2J_0''+tJ_0'+t^2J_0)\log t=0$$

である．これを整理すると

$$\sum_{m=1}^{\infty}((2m)^2 c_{2m}+c_{2m-2})t^{2m}=-2\sum_{m=1}^{\infty}\frac{(-1)^m 2m}{2^{2m}(m!)^2}t^{2m}$$

となる．両辺の t^2 の係数を比較すると

$$2^2 c_2 + c_0 = 1$$

である．ここで，c_0 は $\varphi_1(t)$ の定数項であるが，定数項はすでに $J_0(t)$ に含まれているので $c_0=0$ としてよい．ゆえに

$$c_2=\frac{1}{2^2}$$

である．さらに両辺の係数を比べると

$$(2m)^2 c_{2m}+c_{2m-2}=-2\frac{(-1)^m 2m}{2^{2m}(m!)^2} \qquad (m=2,3,\cdots)$$

である．この漸化式より

$$c_{2m}=\frac{(-1)^{(m-1)}}{2^{2m}(m!)^2}\left(1+\frac{1}{2}+\cdots+\frac{1}{m}\right) \qquad (m=1,2,\cdots)$$

であることが得られる．この関係式を確かめることは読者にまかせる．以上の計算から

$$\varphi_1(t)=-\sum_{m=1}^{\infty}\frac{(-1)^m}{(m!)^2}\left(1+\frac{1}{2}+\cdots+\frac{1}{m}\right)\left(\frac{t}{2}\right)^{2m}+(\log t)J_0(t)$$

が $J_0(t)$ 以外の1つの解である．定数 A, B を用いて $AJ_0(t)+B\varphi_1(t)$ と表される関数も解になるので，慣習上は，関数 $Y_0(t)$ を

$$Y_0(t)=\frac{2}{\pi}\left\{J_0(t)\left(\log\frac{t}{2}-\gamma\right)-\sum_{m=1}^{\infty}\frac{(-1)^m}{(m!)^2}\left(1+\frac{1}{2}+\cdots+\frac{1}{m}\right)\left(\frac{t}{2}\right)^{2m}\right\}$$

と定義し，これを **0 次の第 2 種ベッセル関数**という．ここで，γ は

$$\gamma = \lim_{m \to \infty} \left(1 + \frac{1}{2} + \cdots + \frac{1}{m} - \log m\right)$$

で定義される定数で，**オイラーの定数**と呼ばれている．この数は，無理数であるかどうかすら未だに知られていない．この関数のグラフは，次の図 5.4 ようになっている．

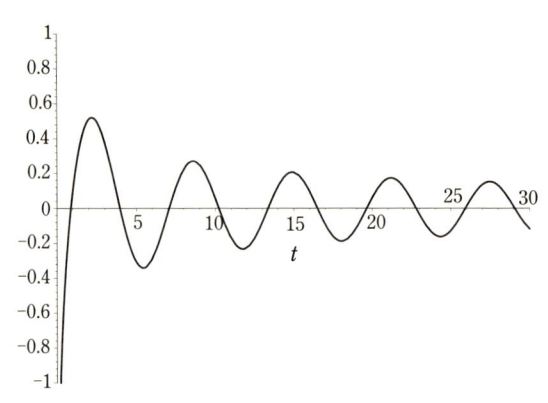

図 **5.4**

次に $\nu > 0$ とする．まず，

$$\varphi_0(t) = t^\nu \sum_{n=0}^{\infty} a_n t^n$$

の形の解を求める．先ほどと同じように

$$\varphi_0{}'(t) = \sum_{n=0}^{\infty} (n+\nu) a_n t^{n+\nu-1}, \qquad \varphi_0{}''(t) = \sum_{n=0}^{\infty} (n+\nu)(n+\nu-1) a_n t^{n+\nu-2}$$

だから，微分方程式に代入して

$$t^2 \varphi_0{}''(t) + t\varphi_0{}'(t) + (t^2 - \nu^2)\varphi_0(t)$$
$$= \bigl(\nu(\nu-1) + \nu - \nu^2\bigr) a_0 t^\nu + \bigl((\nu+1)\nu + (1+\nu) - \nu^2\bigr) a_1 t^{\nu+1}$$
$$+ \sum_{n=2}^{\infty} \bigl\{\bigl((n+\nu)^2 - \nu^2\bigr) a_n + a_{n-2}\bigr\} t^{n+\nu} = 0$$

である．係数がすべて 0 でなければならないから

$$a_1 = 0, \quad a_0 : 任意定数$$

$$\{(n+\nu)^2 - \nu^2\}a_n + a_{n-2} = 0 \quad (n = 2, 3, \cdots)$$

を得る．

$\nu > 0$ と仮定しているから，$n = 1, 2, \cdots$ に対して

$$(n+\nu)^2 - \nu^2 = n(2\nu + n) \neq 0$$

となり，漸化式より

$$a_1 = a_3 = \cdots = a_{2m+1} = 0$$

$$a_2 = -\frac{a_0}{2(2\nu+2)} = -\frac{a_0}{2^2(\nu+1)}$$

$$a_4 = -\frac{a_2}{4(2\nu+4)} = \frac{a_0}{2^4\, 2!\, (\nu+1)(\nu+2)}$$

$$a_6 = -\frac{a_4}{6(2\nu+6)} = -\frac{a_0}{2^6\, 3!\, (\nu+1)(\nu+2)(\nu+3)}$$

である．一般項は

$$a_{2m} = \frac{(-1)^m a_0}{2^{2m}\, m!\, (\nu+1)(\nu+2)\cdots(\nu+m)}$$

と求められる．Γ 関数を用いると

$$\Gamma(\nu) = (\nu-1)\Gamma(\nu-1)$$

であることに注意して

$$a_{2m} = \frac{(-1)^m \Gamma(\nu+1) a_0}{2^{2m}\, m!\, \Gamma(m+\nu+1)}$$

と表される．こうして得られた 1 つの解 $\varphi_0(t)$ において，定数 a_0 を

$$a_0 = \frac{1}{2^\nu \Gamma(\nu+1)}$$

と選んだ解を $J_\nu(t)$ と表し，**ν 次の第 1 種ベッセル関数**という．すなわち，

$$J_\nu(t) = \left(\frac{t}{2}\right)^\nu \sum_{m=0}^{\infty} \frac{(-1)^m}{m!\, \Gamma(m+\nu+1)} \left(\frac{t}{2}\right)^{2m}$$

である．この式で $\nu = 0$ とすると，以前に定義した $J_0(t)$ が得られる．$\nu = 0, 1, 2, 3, 4, 5$ の場合には，$J_\nu(t)$ のグラフは次のようになっている．

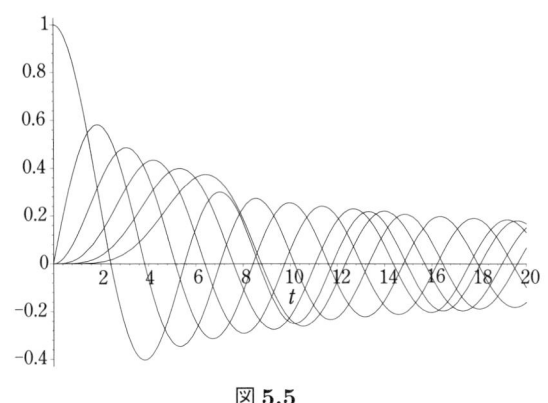

図 5.5

ν 次の第 2 種ベッセル関数や，一般の ν に対するベッセル関数については，さらに進んだ教科書を参照してほしい．

5.2 微分演算子による特解の求め方

2.4 節で述べたように，非斉次線形微分方程式の一般解を求めるにあたっては，特解を求めることが重要であった．2.4 節では非斉次項の関数形に応じて，解の形を予想して特解を求める方法を紹介した．ここでは，微分演算子と呼ばれる記号を導入して，一定の手続きで特解を求める考え方を説明する．

まず，**微分演算子** D を，記号としては $D = \dfrac{d}{dt}$ を表すものとし，その計算は，関数 $u(t)$ に対して

$$Du(t) = \frac{du(t)}{dt}$$

となるものとする．さらに，

$$D^2 u(t) = D(Du(t)) = \frac{d^2 u(t)}{dt^2}$$

と約束すると，微分方程式

$$\frac{d^2 u(t)}{dt^2} + a \frac{du(t)}{dt} + bu(t) = f(t)$$

は，多項式 $P(x) = x^2 + ax + b$ を用いて

$$P(D)u = (D^2 + aD + b)u = f$$

と表すことができる．多項式 $P(x)$ の変数 x に微分演算子 D を用いて微分方程式を表すことができるのである．

これから，多項式に微分演算子を代入した式をうまく用いながら，微分方程式の特解を求める手順を紹介する．

目標は，微分方程式が $P(D)u = f$ と表されているのだから，記号の上からは，両辺を $P(D)$ で割ると，解の式

$$u = \frac{1}{P(D)} f$$

が得られる．この，記号 $\dfrac{1}{P(D)}$ をうまく計算する手順を考えて，実際の特解を求めようというのである．

例題 5.2.1 微分方程式 $u'(t) = f(t)$ を考えよう．演算子を用いると微分方程式は $Du = f$ と表される．記号の上からは，解は

$$u = \frac{1}{D} f$$

と表される．もちろん，今の場合，解は実際に求めることができ，$u(t) = \int f(t)\,dt$ である (特解を 1 つ求めればよいので，任意定数は省いた)．したがって，

$$\frac{1}{D} f = \int f(t)\,dt$$

となり，$\dfrac{1}{D}$ は微分の「逆数」として，積分を表すと考えればよい． ∎

例題 5.2.2 1 階微分方程式

$$(D - p)u = q(t)$$

を考える．p は定数とする．両辺に e^{-pt} をかけて，$e^{-pt}(D - p)u = e^{-pt}q$ と考え，左辺に積の微分公式を用いると，微分方程式は

$$D(e^{-pt}u) = e^{-pt}q$$

と表される．これより
$$e^{-pt}u(t) = \frac{1}{D}e^{-pt}q(t) = \int e^{-pt}q(t)\,dt$$
であるから，解は
$$u(t) = e^{pt}\frac{1}{D}(e^{-pt}q(t)) = e^{pt}\left\{\int e^{-pt}q(t)\,dt\right\}$$
と求められる．これは §2.1 で述べた 1 階線形微分方程式の解の公式 (2.6) の特別の場合である．この関係式を
$$\frac{1}{D-p}q(t) = e^{pt}\frac{1}{D}(e^{-pt}q(t)) \tag{5.7}$$
として用いると便利なことがある．

特別な場合として，
$$\frac{1}{D-p}e^{\alpha t} = e^{pt}\frac{1}{D}(e^{-(p-\alpha)t}) = \frac{1}{\alpha - p}e^{\alpha t} \tag{5.8}$$
や
$$\frac{1}{D-p}e^{pt} = e^{pt}\frac{1}{D}(1) = te^{pt} \tag{5.9}$$
も役立つことがある．

問題 5.2.1 次の微分方程式の特解を求めよ．

(1) $(D-2)u = e^t$ 　　　　　　　(2) $(D-3)u = e^{2t}$

(3) $(D+2)u = e^{-2t}$ 　　　　　(4) $(D-i)u = e^{-t}$

以下，$P(D) = D^2 + aD + b$ として，いくつかの f について $P(D)u = f$ の特解の求め方を紹介する．

例題 5.2.3 ($f(t) = e^{\alpha t}$ の場合)　微分方程式
$$P(D)u = e^{\alpha t}$$
の特解を求めよう．
$$P(D)e^{\alpha t} = (D^2 + aD + b)e^{\alpha t}$$

$$= (\alpha^2 + a\alpha + b)e^{\alpha t} = P(\alpha)e^{\alpha t}$$

と計算できる．ここで，$P(\alpha) = \alpha^2 + a\alpha + b$ は数であるから，$P(\alpha) \neq 0$ のときには

$$P(D)\frac{e^{\alpha t}}{P(\alpha)} = e^{\alpha t}$$

であり，

$$u(t) = \frac{e^{\alpha t}}{P(\alpha)}$$

が求める解になる．記号の上からは

$$u(t) = \frac{e^{\alpha t}}{P(D)} = \frac{e^{\alpha t}}{P(\alpha)} \tag{5.10}$$

と理解できる． ∎

問題 5.2.2 次の微分方程式の特解を求めよ．

(1) $(D^2 + D + 1)u = e^{3t}$ (2) $(D^2 + D + 1)u = e^{-t}$

(3) $(D^2 + D + 1)u = -e^{3t} + 2e^{-t}$ (4) $(D^2 - 5D + 3)u = \cosh 2t$

例題 5.2.4 ($f(t) = e^{\alpha t}$ で $P(\alpha) = 0$ であるとき) 上の例題 5.2.3 では $P(\alpha) \neq 0$ の場合を考えた．$P(\alpha) = 0$ の場合は，α が特性方程式の解になっている場合である．このときには，$e^{\alpha t}$ がすでに斉次方程式の解になっており，特解にはならない．

この場合には，$P(D)$ を因数分解すると

$$P(D) = (D - \alpha)(D - \beta) \; (\alpha \neq \beta) \; \text{または} \; P(D) = (D - \alpha)^2$$

である．

$P(D) = (D - \alpha)(D - \beta) \; (\alpha \neq \beta)$ の場合には，(5.8), (5.9) を適用して

$$u(t) = \frac{1}{(D - \alpha)(D - \beta)}e^{\alpha t}$$

$$= \frac{1}{\alpha - \beta} \left(\frac{1}{D - \alpha} e^{\alpha t} \right)$$

$$= \frac{1}{\alpha - \beta} t e^{\alpha t}$$

である．$P(D) = (D - \alpha)^2$ の場合にも，(5.9), (5.7) を適用して，

$$u(t) = \frac{1}{(D - \alpha)^2} e^{\alpha t}$$

$$= \frac{1}{D - \alpha} \left(\frac{1}{D - \alpha} e^{\alpha t} \right) = \frac{1}{D - \alpha} (t e^{\alpha t})$$

$$= e^{\alpha t} \frac{1}{D} t = \frac{t^2}{2} e^{\alpha t}$$

と求められる．一般に

$$\frac{1}{(D - \alpha)^n} e^{\alpha t} = \frac{t^n}{n!} e^{\alpha t} \qquad (n = 1, 2, \cdots) \tag{5.11}$$

が成り立つことが知られている．

問題 5.2.3 次の微分方程式の特解を求めよ．

(1) $(D^2 - 2D - 3)u = e^{3t}$ (2) $(D^2 - D - 2)u = 2e^{-t} - e^{4t}$

(3) $(D^2 + 6D + 9)u = e^{-3t}$ (4) $(D^2 - 4)u = \sinh 2t$

例題 5.2.5 ($f(t) = \cos \alpha t$, $f(t) = \sin \alpha t$ の場合)　複素数の指数関数

$$e^{i\alpha t} = \cos \alpha t + i \sin \alpha t$$

を用いて，$f(t) = e^{i\alpha t}$ として，例題 5.2.3, 5.2.4 のように計算すればよい．得られた解の実部が $\cos \alpha t$ に対応する解，虚部が $\sin \alpha t$ に対応する解である．

具体例で考えよう．

$$u'' - 3u' + 2u = \cos t$$

を考える．

$$e^{it} = \cos t + i \sin t$$

であるから，複素数を用いて，微分方程式
$$u'' - 3u' + 2u = e^{it}$$
を考える．例題 5.2.3 と同様に考えて計算すると，$P(D) = D^2 - 3D + 2$ に対して，$P(i) = 1 - 3i \neq 0$ であるから
$$u(t) = \frac{1}{P(D)} e^{it} = \frac{1}{P(i)} e^{it}$$
と解が求められる．さらに，
$$\frac{1}{P(i)} e^{it} = \frac{1}{1 - 3i} e^{it} = \frac{1 + 3i}{(1 - 3i)(1 + 3i)} e^{it}$$
$$= \left(\frac{1}{10} + \frac{3i}{10}\right)(\cos t + i \sin t)$$
$$= \frac{1}{10} \cos t - \frac{3}{10} \sin t + i\left(\frac{1}{10} \sin t + \frac{3}{10} \cos t\right)$$
と計算できるので，実部
$$u(t) = \frac{1}{10} \cos t - \frac{3}{10} \sin t$$
が (5.2.5) に対する解である．このとき
$$v'' - 3v' + 2v = \sin t$$
に対する解も，
$$v(t) = \frac{1}{10} \sin t + \frac{3}{10} \cos t$$
と同時に求まっている．

問題 5.2.4 次の微分方程式の特解を求めよ．

 (1) $(D^2 + D + 1)u = \cos 2t$ (2) $(D^2 + D + 1)u = 3\cos 2t - \sin 2t$

 (3) $(D^2 + D + 1)u = e^t \cos t$ (4) $(D^2 + 1)u = \sin t$

例題 5.2.6 ($f(t)$ が t の多項式である場合)　このときには，等比級数の公式
$$\frac{1}{1 - p} = 1 + p + p^2 + \cdots \qquad (|p| < 1)$$

を形式的に用いて，$\dfrac{1}{P(D)}$ を展開して考えればよい．

具体例で説明する．微分方程式
$$(D^2 + D)u = t^2 - 2t$$
の特解を求めよう．次のように計算できる．
$$u = \frac{1}{D^2 + D}(t^2 - 2t) = \frac{1}{D}\frac{1}{D+1}(t^2 - 2t)$$
$$= \frac{1}{D}(1 - D + D^2 - D^3 + \cdots)(t^2 - 2t)$$

$(D^3 t^2 = 0$ であるから，実際には有限個の微分である．$)$

$$= \frac{1}{D}\left(t^2 - 2t - (2t - 2) + 2\right) = \frac{1}{D}(t^2 - 4t + 4) = \frac{t^3}{3} - 2t^2 + 4t.$$

問題 5.2.5 次の微分方程式の特解を求めよ．

(1) $(D+1)u = 2t^2 - 3t + 4$ 　　(2) $(D-3)u = 2t^2 - 3t + 4$

(3) $(D^2 - 2D - 3)u = 2t^2 - 3t + 4$ 　(4) $(D^2 + D + 1)u = 2t^2 - 3t + 4$

もう少し複雑な場合について考察しよう．まず，一般的な関係式として，次の公式が成り立つ．

例題 5.2.7 $P(D) = D^2 + aD + b$ に対して
$$\frac{1}{P(D)}e^{\alpha t}q(t) = e^{\alpha t}\frac{1}{P(D+\alpha)}q(t) \tag{5.12}$$
が成り立つことを示す．実際，
$$D(e^{\alpha t}g(t)) = \alpha e^{\alpha t}g + e^{\alpha t}Dg = e^{\alpha t}(D+\alpha)g$$
$$D^2(e^{\alpha t}g(t)) = \alpha^2 e^{\alpha t}g + 2\alpha e^{\alpha t}Dg + e^{\alpha t}D^2 g = e^{\alpha t}(D+\alpha)^2 g$$
であるから
$$P(D)(e^{\alpha t}g) = e^{\alpha t}P(D+\alpha)g$$

が成り立つ．ここで，$q(t) = P(D+\alpha)g(t)$ と書くと

$$P(D)e^{\alpha t}\frac{1}{P(D+\alpha)}q(t) = e^{\alpha t}q(t)$$

であり，

$$\frac{1}{P(D)}e^{\alpha t}q(t) = e^{\alpha t}\frac{1}{P(D+\alpha)}q(t)$$

となる．これが求める関係式である．

例題 5.2.8 微分方程式 $(D^2-1)u = te^{-t}$ の特解を求めよう．これまでの例で得られたテクニックを利用して，次のように計算すればよい．

$$\begin{aligned}
u(t) &= \frac{1}{D^2-1}(te^{-t}) = e^{-t}\frac{1}{(D-1)^2-1}t \\
&= e^{-t}\frac{1}{D^2-2D}t = e^{-t}\frac{1}{D}\left(-\frac{1}{2}\right)\frac{1}{1-\frac{D}{2}}t \\
&= -\frac{1}{2}e^{-t}\frac{1}{D}\left(1+\frac{D}{2}\right)t = -\frac{1}{2}e^{-t}\frac{1}{D}\left(t+\frac{1}{2}\right) \\
&= -\frac{1}{2}e^{-t}\left(\frac{t^2}{2}+\frac{t}{2}\right)
\end{aligned}$$

問題 5.2.6

(1) $(D^2-1)u = 3te^{2t}$ (2) $(D^2-D+1)u = te^t$

5.3 連立微分方程式 (再訪)

連立微分方程式

$$\frac{d}{dt}\begin{pmatrix} u_1(t) \\ u_2(t) \end{pmatrix} = \begin{pmatrix} a & b \\ c & d \end{pmatrix}\begin{pmatrix} u_1(t) \\ u_2(t) \end{pmatrix}$$

において，係数行列の固有値が重解になる場合について考える．

係数行列

$$A = \begin{pmatrix} a & b \\ c & d \end{pmatrix}$$

の固有値を求めるために，

$$\begin{vmatrix} \lambda - a & -b \\ -c & \lambda - d \end{vmatrix} = \lambda^2 - (a+d)\lambda + ad - bc = 0$$

を考える．この2次方程式が重解をもつ場合を取り扱うのであるから，判別式より

$$(a-d)^2 + 4bc = 0 \tag{5.13}$$

である．また，このとき重解 (固有値) は，$\lambda = \dfrac{a+d}{2}$ である．固有値 λ に対応する固有ベクトルを $\begin{pmatrix} x \\ y \end{pmatrix}$ とする．

これを用いて

$$\boldsymbol{u}_1(t) = \begin{pmatrix} x \\ y \end{pmatrix} e^{\frac{a+d}{2}t}$$

が1つの解であることは，本文と同様に確かめることができる．もう1つの解 $\boldsymbol{u}_2$ を，

$$\boldsymbol{u}_2(t) = \begin{pmatrix} p \\ q \end{pmatrix} e^{\lambda t} + \begin{pmatrix} x \\ y \end{pmatrix} te^{\lambda t}$$

の形で求めることにする．$te^{\lambda t}$ を考えたのは，2階微分方程式のときからの類推である．$\lambda = \dfrac{a+d}{2}$ が固有値であることと $\begin{pmatrix} x \\ y \end{pmatrix}$ が固有ベクトルであることを用いて

$$\frac{d\boldsymbol{u}_2}{dt} - A\boldsymbol{u}_2 = \lambda \begin{pmatrix} p \\ q \end{pmatrix} e^{\lambda t} + \begin{pmatrix} x \\ y \end{pmatrix} e^{\lambda t} + \lambda \begin{pmatrix} x \\ y \end{pmatrix} te^{\lambda t}$$

$$- A \left\{ \begin{pmatrix} p \\ q \end{pmatrix} e^{\lambda t} + \begin{pmatrix} x \\ y \end{pmatrix} te^{\lambda t} \right\}$$

5.3 連立微分方程式 (再訪)

$$= (\lambda E - A) \begin{pmatrix} p \\ q \end{pmatrix} e^{\lambda t} + \begin{pmatrix} x \\ y \end{pmatrix} e^{\lambda t}$$

$$= \begin{pmatrix} -\dfrac{a-d}{2} & -b \\ -c & \dfrac{a-d}{2} \end{pmatrix} \begin{pmatrix} p \\ q \end{pmatrix} e^{\lambda t} + \begin{pmatrix} x \\ y \end{pmatrix} e^{\lambda t}$$

と計算できる (E は単位行列である). $\boldsymbol{u}_2$ が解であるためには, 連立 1 次方程式

$$\begin{pmatrix} -\dfrac{a-d}{2} & -b \\ -c & \dfrac{a-d}{2} \end{pmatrix} \begin{pmatrix} p \\ q \end{pmatrix} + \begin{pmatrix} x \\ y \end{pmatrix} = 0$$

をみたすように $\begin{pmatrix} p \\ q \end{pmatrix}$ を定めればよい. この連立方 1 次程式の係数行列の行列式は, 重解の条件 (5.13) より 0 であるから, 定数倍の自由度をもつ $\begin{pmatrix} p \\ q \end{pmatrix}$ がとれる. その 1 つをとると, 求める形の解

$$\boldsymbol{u}_2(t) = \begin{pmatrix} p \\ q \end{pmatrix} e^{\lambda t} + \begin{pmatrix} x \\ y \end{pmatrix} t e^{\lambda t}$$

が得られる. これより一般解は, 定数 C, D を用いて

$$\boldsymbol{u}(t) = C \begin{pmatrix} x \\ y \end{pmatrix} e^{\lambda t} + D \left\{ \begin{pmatrix} p \\ q \end{pmatrix} e^{\lambda t} + \begin{pmatrix} x \\ y \end{pmatrix} t e^{\lambda t} \right\}$$

と表される.

例題 5.3.1 上で述べた事柄を, 具体例でもう一度確かめてみよう.

連立微分方程式

$$\dfrac{d}{dt} \begin{pmatrix} u_1 \\ u_2 \end{pmatrix} = \begin{pmatrix} 2 & -1 \\ 1 & 4 \end{pmatrix} \begin{pmatrix} u_1 \\ u_2 \end{pmatrix}$$

の一般解を求めよう.

まず，行列 $A = \begin{pmatrix} 2 & -1 \\ 1 & 4 \end{pmatrix}$ の固有値は $\lambda = 3$ (重解) で，対応する固有ベクトルの1つは $\begin{pmatrix} 1 \\ -1 \end{pmatrix}$ であるから，1つの解を

$$\boldsymbol{u}_1(t) = \begin{pmatrix} 1 \\ -1 \end{pmatrix} e^{3t}$$

と得ることができる．

もう1つの解は

$$\boldsymbol{u}_2(t) = \begin{pmatrix} x \\ y \end{pmatrix} e^{3t} + \begin{pmatrix} 1 \\ -1 \end{pmatrix} te^{3t}$$

の形で求められる．

$$\frac{d\boldsymbol{u}_2}{dt} - A\boldsymbol{u}_2 = 3\begin{pmatrix} x \\ y \end{pmatrix} e^{3t} + \begin{pmatrix} 1 \\ -1 \end{pmatrix} e^{3t} + 3\begin{pmatrix} 1 \\ -1 \end{pmatrix} te^{3t}$$

$$- \begin{pmatrix} 2 & -1 \\ 1 & 4 \end{pmatrix} \left\{ \begin{pmatrix} x \\ y \end{pmatrix} e^{3t} + \begin{pmatrix} 1 \\ -1 \end{pmatrix} te^{3t} \right\}$$

$$= \begin{pmatrix} x+y+1 \\ -x-y-1 \end{pmatrix} e^{3t} + \left\{ 3\begin{pmatrix} 1 \\ -1 \end{pmatrix} - A\begin{pmatrix} 1 \\ -1 \end{pmatrix} \right\} te^{3t}$$

である．右辺第2項は，固有値が3であることから0となるので，$\boldsymbol{u}_2$ が解になるためには，$x+y+1 = 0$ をみたすように x, y をとればよい．たとえば $x = -1$, $y = 0$ ととると，

$$\boldsymbol{u}_2(t) = \begin{pmatrix} -1 \\ 0 \end{pmatrix} e^{3t} + \begin{pmatrix} 1 \\ -1 \end{pmatrix} te^{3t}$$

となり，一般解は

$$\boldsymbol{u}(t) = C \begin{pmatrix} 1 \\ -1 \end{pmatrix} e^{3t} + D \left\{ \begin{pmatrix} -1 \\ 0 \end{pmatrix} e^{3t} + \begin{pmatrix} 1 \\ -1 \end{pmatrix} t e^{3t} \right\}$$

と求められる．

問題 5.3.1 次の連立微分方程式の一般解を求めよ．

(1) $\dfrac{d}{dt} \begin{pmatrix} u_1 \\ u_2 \end{pmatrix} = \begin{pmatrix} 3 & 2 \\ -2 & -1 \end{pmatrix} \begin{pmatrix} u_1 \\ u_2 \end{pmatrix}$
(2) $\dfrac{d}{dt} \begin{pmatrix} u_1 \\ u_2 \end{pmatrix} = \begin{pmatrix} 1 & -3 \\ 3 & -5 \end{pmatrix} \begin{pmatrix} u_1 \\ u_2 \end{pmatrix}$

(3) $\dfrac{d}{dt} \begin{pmatrix} u_1 \\ u_2 \end{pmatrix} = \begin{pmatrix} 5 & 4 \\ -1 & 1 \end{pmatrix} \begin{pmatrix} u_1 \\ u_2 \end{pmatrix}$
(4) $\dfrac{d}{dt} \begin{pmatrix} u_1 \\ u_2 \end{pmatrix} = \begin{pmatrix} 2 & 1 \\ -4 & -2 \end{pmatrix} \begin{pmatrix} u_1 \\ u_2 \end{pmatrix}$

第6章

コンピュータによる解法

コンピュータのソフトウェアには，微分方程式を扱えるものがたくさん開発されている．それぞれに長所があり，具体的な現象を微分方程式で表現して解析するときに強力な道具となっている．

ここでは本書に添付した KNOPPIX/Math に収録されている Maxima と Octave を用いて本文中に述べた微分方程式を中心にして，その解法を紹介する．

6.1 KNOPPIX/Math について

KNOPPIX は，Windows が動いているコンピュータで CD から起動できる Linux の一種である．KNOPPIX/Math は，オリジナルの KNOPPIX の日本語版上に数学のソフトウェアを多数収録したものである．

新しいソフトウェアに早くなじむには，まず起動して，少し試して，すぐに終了することである．これを何回か繰り返すうちに，だんだんいろいろな使い方が身についていくものである．

6.1.1 起動から終了まで

KNOPPIX/Math を起動するには，Windows の動いているコンピュータに CD を挿入して，再起動する．再起動しても Windows が再び立ち上がるようなら，CD から起動できるように操作しなければならない．操作法はコンピュータの機種によって異なるが，Windows が立ち上がる直前の画面にセットアップの

6.1 KNOPPIX/Math について

変更方法が短時間だけ表示されるので，その指示に従う．近くの友人に聞いてみるのもよい方法である．

KNOPPIX/Math のホームページ
`http://www.knoppix-math.org`
には，起動に関する情報のほか，関連する多くの情報が集められている．

起動が始まると，しばらくいろいろなメッセージが続き，KNOPPIX が立ち上がる．右上に KNOPPIX の文字が見え，アイコンが並んだ画面になれば，これがデスクトップ画面である．下側には，いろいろなアイコンが並んだツールバーも見える．

ツールバーの左から 7 番目，テレビ画面の形のアイコンをマウスで 1 回クリックすると，黒色のウィンドウが現れる．これをシェル画面，あるいはコンソール画面という．

`knoppix@Knoppix:~$`

と表示された行に，キーボードからコマンドを入力していろいろな作業ができる．白い四角形のカーソルがこの行にあることを確かめて，試しにキーボードから

`exit`

と書き込み，Enter キーを押してみよう (enter を入力する，という)．この一連の操作を今後

`$ exit`

と表すことにする．さて結果はどうなっただろう．

シェル画面が消えてしまった．つまり，シェルを終了したのである．これで，シェルの起動と終了を会得したのである．

KNOPPIX/Math 自体を終了するには次のようにする．

ツールバーの左端のアイコンをクリックすると，たくさんのコマンドが表示される．一番下の ログアウト にマウスを動かしてクリックする．いくつかのメッセージが次々と表示され，CD を取り出すように指示があり，最後にコンピュータが停止する．

これで KNOPPIX/Math が終了した．

6.1.2 USBメモリの使用法

KNOPPIX/Math を終了すると，これまでの結果はすべて破棄される．せっかく計算した結果を記録しておきたい場合があるだろう．このような場合には外部メモリにファイルを記録しておかなければならない．

USB メモリに記録しておくのが手軽だろう．

USB メモリを挿入するとデスクトップに Hard Disk[sdc1] アイコンが現れる．機器の接続状態によって [sdc2] や [sdd1] などとなることもある．このアイコンをマウスで右クリックして，メニューから マウント をクリックしてマウントし， 動作 の欄から書き込み可能(writable)に設定する．マウントするとは，外部機器(今は USB メモリ)を接続することである．Windows では自動的に行われるが Linux ではマウントもその解除もそのたびに自分で行わなければならない．接続された USB メモリは最初読み出しのみが可能な状態になっているので，データを書き込むにはそれが可能な状態に変更しないといけない．面倒なようだが，安全性が高まると考えれば納得できるだろう．接続されたメモリは

/mnt/sdc1

という名前のディレクトリとして利用できる．

メモリを取り外す前には，ウィンドウを閉じ，マウントを解除しなければならない．

6.2 Maxima による微分方程式の解法

KNOPPIX/Math には何種類かの Maxima が収録されている．ここでは xmaxima を用いることにする．

6.2.1 起動と終了，ちょっと使ってみる

xmaxima を起動する方法は 2 種類ある．

(1) シェル画面上で

~$ xmaxima &

と入力する(Enter キーを押す)．最後の & はつけなくてもよいが，つけ

ておくと，xmaxima の実行中もシェル画面からほかのコマンドを実行することができる．

(2) デスクトップの左から2番目のツールバー ($\sqrt{x}$) をクリックすると，数学関係のソフトウェアの一覧が表示される．Maxima の欄をクリックすると Maxima が何種類か表示される．ここで xmaxima を選択する．

いずれの場合も新たにウィンドウが開く．下半分はヘルプ画面である．いろいろなコマンドの解説とその例題が収録されている．英語ではあるが機会があるときに試してほしい．

少し遊んでみよう．

(%i1) 1/2+1/3;

と入力すると

$$(\%o1)\quad \frac{5}{6}$$

と表示される．%i1 は1番目のコマンドを表し，%o1 は1番目の出力であることを表している．入力の最後のセミコロン";"を忘れないようにしよう．

何が計算できたのだろう？　もちろん

$$\frac{1}{2}+\frac{1}{3}=\frac{5}{6}$$

である．しかし，電卓と異なり，分数を小数に直すことなく，通分して計算している．このように，数式の形のままで計算するので，**数式処理システム**と呼ばれている．

さて，xmaxima を終了するには，ウィンドウ左上の File をクリックし，メニューから Exit を選択すればよい．

もう一度 Maxima を立ち上げて，もう少し遊んでみよう．

(%i1) (sqrt(2)*sqrt(3))^2;

(%i2) exp(2)*exp(-1);

(%i3) sin(%pi/3);

を順に試してみよう．結果は

```
(%o1) 6
(%o2) %e
       sqrt(3)
(%o3) -------
         2
```

となる．それぞれ，$(\sqrt{2}\sqrt{3})^2 = 6$, $e^2 e^{-1} = e$, $\sin\dfrac{\pi}{3} = \dfrac{\sqrt{3}}{2}$ を示している．これらの例から，根号 $\sqrt{}$ を `sqrt( )` と表すこと，指数関数 e^x の表し方 `exp(x)`, 定数 e を `%e` と表すこと，三角関数の表し方，円周率を `%pi` で表すことなどが体感できるだろう．ここまでで経験したように，Maxima での分数や指数の出力は，同じ大きさの文字を用いたテキスト形式である．その出力形式を再現するには場所をとりすぎるので，本書では以下，出力はふつうの数式の書き方を交えて表すことにする．

　数式のままで計算する特色は，微分積分の計算で威力を発揮する．

```
(%i4) diff(tan(x), x);
(%i5) diff(log(1+x),x);
(%i6) integrate(1/(1+x^2), x);
(%i7) integrate(1/(1+t^2), t, 0, 1);
```

に対する結果は

(%o4) $\sec^2(x)$

(%o5) $\dfrac{1}{1+x}$

(%o6) $\mathrm{atan}(x)$

(%o7) $\dfrac{\text{\%pi}}{4}$

となる．(%o4) は $(\tan x)' = \dfrac{1}{\cos^2 x}$ を，(%o5) は $(\log(1+x))' = \dfrac{1}{1+x}$ を計算したのである．$\sec x = \dfrac{1}{\cos x}$ であり，$\mathrm{atan}(x)$ は逆三角関数 $\arctan x$ である．また，(%o6) は不定積分 $\displaystyle\int \dfrac{1}{1+x^2}\,dx = \arctan x$, (%o7) は定積分 $\displaystyle\int_0^1 \dfrac{dt}{1+t^2} = \dfrac{\pi}{4}$

である．

高階の微分 $\dfrac{d^2}{dx^2}\log(1+x)$ は
(%i8) diff(log(1+x), x,2);
として求められる．

(%i9) diff(%o5, x);
は，(%o5)，すなわち，$(\log(1+x))' = \dfrac{1}{1+x}$ をもう一度微分したのである．当然ながら同じ結果が得られている．このことから，以前に得られた結果 (この場合は $(\log(1+x))' = \dfrac{1}{1+x}$) を引用することができることもわかるだろう．

以前の入力式に上書きして新しい入力とすることもできる．ミスタイプでエラーがでたときなどにこの機能を利用すると便利である．

6.2.2 ode2 による解法

本文の例題をコンピュータで再現してみよう．ここから maxima を立ち上げたとしてコマンドを再現する．$u'(t) + 3u(t) = 0$ の一般解を求めよう．
(%i1) ode2('diff(u,t)+3*u=0, u,t);
と入力すると
(%o1) $u = \%c\ \%e^{-3t}$

が得られる．%c は任意定数を表している．%e は定数 e であったから，この結果は $u(t) = Ce^{-3t}$ を表している．'diff と，アポストロフィ"'"がつくことに注意しよう．

$u'(t) + tu(t) = \sin(t)$ の一般解も同じように求められるが，ode2 の中に直接方程式を書き込むのは面倒であるだけでなく，間違いが多くなるので，まず方程式に名前をつけておき，それを解くようにすると便利である．方程式だけ書き換えれば同じコマンドで別の方程式を解くこともできる．問題 2.1.4 (3) を解くには
(%i2) eqn:'diff(u,t)+tan(t)*u=sin(2*t);
(%i3) ode2(eqn, u,t);
とすればよい．これで一般解が得られたが，問題のように $u(0) = 1$ を満たす初期値問題の解を求めるには，

(%i4) ic1(%o3, t=0, u=1);

とする．ここでも，以前の出力を引用できることが役に立つ．実際にはこの通りの番号ではないだろうから，正しく入力しなければならない．

2階微分方程式

$$u''(t) + 2u'(t) - 3u(t) = 0;$$

も同じようにして解ける．

(%i5) eqn2:'diff(u,t,2)+2*'diff(u,t)-3*u=0;

(%i6) ode2(eqn2,u,t);

とすればよい．結果は

(%o6) %k1 %e^t + %k2 %e^{-3t}

となる．2つの任意定数が %k1, %k2 で表されている．

この方程式の解のうち，さらに初期条件 $u(0) = 2, u'(0) = -3$ をみたす解を求めるには，

(%i7) ic2(%o6, t=0, u=2, 'diff(u,t)=-3);

とすればよい．こうして，解 $u(t) = \dfrac{3}{4}e^t + \dfrac{5}{4}e^{-3t}$ が得られる．

特性方程式が重解をもつ場合や複素数の解をもつ場合も同じコマンドで解が求められる．

(%i8) eqn3:9*'diff(u,t,2)-12*'diff(u,t)+4*u=0;

(%i9) ode2(eqn3,u,t);

(%i10) eqn4:'diff(u,t,2)+4*u=0;

(%i11) ode2(eqn4,u,t);

をためしてみると，本文の例題 2.2.1 や問題 2.2.3 の解が得られる．

非斉次方程式に対してもおなじコマンドで解が求められる．一般解も初期値問題の解も求められる．

(%i12) eqn5:'diff(u,t,2)+4*'diff(u,t)+4*u=sin(t);

(%i13) ode2(eqn5,u,t);

(%i14) ic2(%o13, t=0, u=-2, 'diff(u,t)=3);

をためしてみよう．

第4章で述べた変数分離形微分方程式に対しても，ode2 を用いて解が求められる．

(%i15) eqn6:'diff(u,t)+u*(1-k*u)=0;
(%i16) ode2(eqn6, u, t);

によって

$$u'(t) + u(t)(1 - ku(t)) = 0$$

の一般解が求められる．

変数分離形に限らず

$$u'(t) = f(t, u(t))$$

の形の微分方程式をいろいろためしてみることができる．

(%i17) ode2('diff(u,t)+sin(u)=0,u,t);
(%i18) ode2('diff(u,t)+sin(u)=t,u,t);

をためしてみると，(%i17) は，変数分離形であるが，解の表示は

(%o17) $\dfrac{\log(\cos u + 1) - \log(\cos u - 1)}{2} = t +$ %c

となる．$u = u(t)$ の形には表されていないが，間接的に t の関数 u が表されていると考えればよい．これに対して

(%o18) false

となる．ode2 では解が見つけられなかったことを報告しているのである．すべての微分方程式が解けるわけではない．

変数係数の2階微分方程式については第5章で簡単に触れたのみである．ode2 を用いて解いてみよう．§5.1.3 で取り上げた微分方程式

$$t^2 u''(t) + t u'(t) + (t^2 - 1) u(t) = 0$$

を ode2 で解いてみるには，

(%i19) eqn7:t^2*'diff(u,t,2)+t*'diff(u,t)+(t^2-1)*u=0;
(%i20) ode2(eqn7,u,t);

とすればよい．得られた結果は，

(%o20) u=bessel_y(1,t)%k2+bessel_j(1,t)%k1

94　第6章　コンピュータによる解法

である．bessel_y(1,t) が 1 次の第 1 種ベッセル関数，bessel_j(1,t) が 1 次の第 2 種ベッセル関数を表している．

よく似た微分方程式だが

(%i21) eqn8:'diff(u,t,2)+t*'diff(u,t)+t^2*u=0;

(%i22) ode2(eqn8,u,t);

としてみよう．得られた結果は，

(%o22) false

となってしまう．この微分方程式の解もベッセル関数を用いて表せるのだが，ode2 では求められないようである．

6.2.3　desolve による解法

連立微分方程式を解くには，desolve コマンドを用いる．

$$u'(t) = v(t),$$

$$v'(t) = 2u(t) - 3v(t)$$

の一般解を求めるには次のようにすればよい．

(%i1) eqn:['diff(u(t),t)=v(t), 'diff(v(t),t)=2*u(t)-3*v(t)];

(%i2) desolve(eqn, [u(t), v(t)]);

2 つの方程式や未知関数を [　] で囲んで表すことや，関数の表示が u ではなく u(t) となっていることに注意しよう．

分数が多くなり少し見づらい式が表示されるが，一般解

$$\text{(\%o2)} \, u(t) = \%e^{-\frac{3t}{2}} \left(\frac{(2(v(0) + 3u(0)) - 3u(0))\sinh \frac{\sqrt{17}t}{2}}{\sqrt{17}} + u(0) \cosh \frac{\sqrt{17}t}{2} \right)$$

$$v(t) = \%e^{-\frac{3t}{2}} \left(\frac{(4u(0) - 3v(0))\sinh \frac{\sqrt{17}t}{2}}{\sqrt{17}} + v(0) \cosh \frac{\sqrt{17}t}{2} \right)$$

が得られた．2 つの任意定数が，u(0), v(0) で表されている．本文でも述べたように連立微分方程式の一般解の表し方は 1 つには定まらない．手計算で求めた解とは表し方が異なっている．

初期値問題の解を求めるには，あらかじめ初期条件を設定しておいて desolve コマンドを適用する．上と同じ方程式系の初期条件 $u(0) = 2, v(0) = -3$ をみたす解を求めるには

(%i3) atvalue(u(t), t=0, 2);

(%i4) atvalue(v(t), t=0, -3);

(%i5) desolve(eqn, [u(t), v(t)]);

とする．

今考えている連立微分方程式
$$u'(t) = v(t)$$
$$v'(t) = 2u(t) - 3v(t)$$
は，$u(t)$ についての微分方程式で表すと，2 階微分方程式
$$u''(t) + 3u'(t) - 2u(t) = 0$$
である．これは前節のように，ode2 で解くことができる．

(%i6) eqn2:'diff(u,t,2)+3*'diff(u,t)-2*u=0;

(%i7) ode2(eqn2,u,t);

(%i8) ic2(%o7, t=0, u=2, 'diff(u,t)=-3);

とすればよい．2 つの解を比べてみると

(%o5) u(t) $= 2\%e^{-\frac{3t}{2}} \cosh \frac{\sqrt{17}t}{2}$

   v(t) $= \%e^{-\frac{3t}{2}} \left(\frac{17 \sinh \frac{\sqrt{17}t}{2}}{\sqrt{17}} - 3 \cosh \frac{\sqrt{17}t}{2} \right)$

(%o8) u $= \%e^{\frac{\sqrt{17}-3}{2}t} + \%e^{\frac{-\sqrt{17}-3}{2}t}$

と表される．$\cosh x = \dfrac{e^x + e^{-x}}{2}$ であるから u(t) と u は (当然ながら) 同じ結果を表している．

連立微分方程式では，係数行列の固有値と固有ベクトルが重要な役割を果たした．手計算で解を求めるときにはこの性質を利用した．行列の計算や固有値，固有ベクトルの計算も，数式処理システムの得意とする分野である．

同じ連立微分方程式で考える．係数行列は $\begin{pmatrix} 0 & 1 \\ 2 & -3 \end{pmatrix}$ である．これに名前をつけて，その固有値と固有ベクトルを求めよう．

(%i9) A:matrix([0,1],[2,-3]);

(%i10) eigenvectors(A);

とする．得られる出力は

(%o9) $\begin{bmatrix} 0 & 1 \\ 2 & -3 \end{bmatrix}$

(%o10) $[[[-\dfrac{\sqrt{17}+3}{2}, \dfrac{\sqrt{17}-3}{2}], [1,1]], [1, -\dfrac{\sqrt{17}+3}{2}], [1, \dfrac{\sqrt{17}-3}{2}]]$

となる．(%o9) が行列 A を表していることはすぐ理解できる．(%o10) の結果は次のように読む．最初の区分にある $[-\dfrac{\sqrt{17}+3}{2}, \dfrac{\sqrt{17}-3}{2}]$ は，A の固有値が $\lambda_1 = -\dfrac{\sqrt{17}+3}{2}$ と $\lambda_2 = \dfrac{\sqrt{17}-3}{2}$ であることを示している．次の $[1,1]$ はそれぞれの固有値の重複度が記述されている．ここでは，どちらの重複度も 1 である．最後の区分には 2 つのベクトルが表されている．それぞれの固有値に対する固有ベクトル (ひとつの表し方) が表示されている．順序通り，λ_1 に対応する固有ベクトルが $\begin{pmatrix} 1 \\ -\dfrac{\sqrt{17}+3}{2} \end{pmatrix}$，$\lambda_2$ に対応する固有ベクトルが $\begin{pmatrix} 1 \\ \dfrac{\sqrt{17}-3}{2} \end{pmatrix}$ である．

このようにして得られた固有値と固有ベクトルを用いると，本文で述べたように一般解が

$$u(t) = Ce^{-\frac{\sqrt{17}+3}{2}} \begin{pmatrix} 1 \\ -\dfrac{\sqrt{17}+3}{2} \end{pmatrix} + De^{\frac{\sqrt{17}-3}{2}} \begin{pmatrix} 1 \\ \dfrac{\sqrt{17}-3}{2} \end{pmatrix}$$

と求められる．

係数行列の固有値が重複している場合については，第 5 章で解説した．このような場合でも desolve の使い方は変わらない．

まず，今度も未知関数の名前に u(t) と v(t) を用いることにしたいが，ここでの一連の作業では (%i3), (%i4) で，すでに atvalue 関数を用いて初期値を設定している．この設定をクリアしておかなければならない．
(%i11) remove(all, atvalue);
としておく．問題 5.3.1 (1) の解は
(%i12) eqn3:['diff(u(t),t)=3*u(t)+2*v(t), 'diff(v(t),t)=-2*u(t)-v(t)];
(%i13) desolve(eqn3, [u(t), v(t)]);
とすると

$$u(t) = 2\ v(0)\ t\ \%e^t + 2\ u(0)\ t\ \%e^t + u(0)\ \%e^t$$

$$v(t) = -2\ v(0)\ t\ \%e^t - 2\ u(0)\ t\ \%e^t + v(0)\ \%e^t$$

と，任意定数 u(0), v(0) を含んだ一般解が表示される．

6.2.4　ベクトル場と積分曲線

第4章では微分方程式の定めるベクトル場と積分曲線を描いて解の様子を調べた．Maxima では，コマンド plotdf を用いてベクトル場や積分曲線を描くことができる．まず，
(%i1) load("plotdf")$
と入力して，コマンドを呼び出す準備を整える．微分方程式は，独立変数を x, 未知関数を y と表すので，例題 4.2.1 の微分方程式は $y'(x) = y(x)(1 - y(x))$ と表される．この微分方程式の定めるベクトル場は
(%i2) plotdf(y*(1-y));
で描くことができる．

カーソルをゆっくり動かしてみると，画面の左上に座標の数値が示される．(0, 0.5) の近くにカーソルを移動させて左クリックすると，その点を通る積分曲線 (解曲線) が描ける．このようにして問題 4.2.1 の解答が得られる．(%i2) のようにすると，図示される範囲は $-10 \leqq x \leqq 10, -10 \leqq y \leqq 10$ である．これを図 4.2 のように $-2 \leqq x \leqq 2, 0 \leqq y \leqq 3$ にするには，座標の中心が (0, 1.5)，x, y 方向の幅 (半径) がそれぞれ 2, 1.5 なので

(%i3) plotdf(y*(1-y), [xcenter, 0], [ycenter, 1.5],
            [xradius, 2], [yradius, 1.5]);

とすればよい．

　グラフ画面の上段にあるメニューから Zoom を選ぶと画面の大きさを調整することができる．もう一度積分曲線を描くには，このメニューから integrate を選択する．

　その他のオプションについては，? plotdf としてマニュアルを読むことができる．

　第3章で述べた連立微分方程式の相平面図も描くことができる．未知関数を $x(t), y(t)$ で表す．

$$x'(t) = -\frac{1}{2}x(t) + y(t)$$
$$y'(t) = x(t) - \frac{1}{2}y(t)$$

の相平面図を描いてみよう．

(%i4) plotdf([-0.5*x+y, x-0.5*y], [direction, forward]);

とすると，図3.3のようなベクトル場が得られる．カーソルを平面上の点においてクリックすると解の軌道が描かれる．今度は，カーソルの点を始点としてベクトル場の方向に解曲線が描かれている．オプションをそのように設定しているのである．

6.2.5 ファイルへの保存とその利用

　これだけ多くの計算を積み重ねると，その結果を保存したり，次の機会に再利用したりする方法が必要になってくる．

(%i14) stringout("filename", all);

と入力すると，これまでの計算がコマンド通りに記録される．filename のところには自分で考えたわかりやすい名前を入れる．このファイルをテキストエディタで編集することもできる．

また，このファイルあるいは編集したファイルを読み込んで一連のコマンドを実行するには，

(%i15) batch("filename");

とする．

CD から起動した KNOPPIX では，終了するとすべてのデータが破棄されるので，上の操作で記録したファイルは，USB メモリなどの外部機器に保存しておかなければならない．

6.3 Octave による微分方程式の解法

6.3.1 起動と終了．ちょっと使ってみる

Octave を起動するには，シェル画面で

```
$ octave
```

と入力する．一連のメッセージの後にシェル画面は

```
octave:1>
```

となる．これで Octave がコマンドを受け付ける状態になったのである．xmaxima のように別のウィンドウが立ち上がることはない．

```
octave:1> 1/2+1/3
```

としてみよう．

```
ans = 0.83333
```

と表示される．入力の最後にセミコロン";"はつけない．

$$\frac{1}{2} + \frac{1}{3} = \frac{5}{6}$$

を計算したのだが，Octave では分数ではなく，小数の数値で計算する．このように Octave は，数式ではなく数値の結果のみを求めるソフトウェアである．定数 π や e は

```
octave:2> pi
ans = 3.1416
octave:3> e
ans = 2.7183
```

として参照できる．6桁目で四捨五入された値が得られている．

Octaveを終了するには，
```
octave:4> exit()
```
とすればよい．quit()でも同じである．シェル画面に戻り，Octaveが終了する．

6.3.2 行列の利用

微分方程式 $u'(t) = 2u(t)$ の一般解は，$u(t) = Ce^{2t}$ である．しかし，Octaveでは，数値のみを扱うので，このような一般解は扱えない．初期条件 $u(0) = \frac{1}{2}$ をみたす解は $u(t) = \frac{1}{2}e^{2t}$ であるが，これも数式のままで結果を表すことはできない．この初期値問題を解いて得られるのは，いくつかの t での関数値 $u(t)$ である．したがって，t と $u(t)$ の値の数値表が得られると考えるのがわかりやすい．この数値表を行列と考えて扱うことができる．

このようにOctaveでは行列を取り扱うことが多いので，少し練習しておこう．

ベクトルも行列と考える．行ベクトルは，成分が横に並んだもので，
```
octave:1> a1=[1,2,3]
ans a1 =

       1 2 3
```
と，名前をつけて定義できる．列ベクトルは，成分が縦に並んだもので，
```
octave:2> b1=[-1;-2]
ans b1 =

   -1
   -2
```
と定義できる．行の成分の区切りがコンマ"，"で，列の区切りがセミコロン"；"であることに注意しよう．これらを組み合わせると，行列 $a = \begin{pmatrix} 1 & 2 & 3 \\ 4 & 5 & 6 \\ 7 & 8 & 9 \end{pmatrix}$ を記述するには
```
octave:3> a=[1,2,3;4,5,6;7,8,9]
```

とすればよいことがわかる．

行列の成分は a(1,3), a(2,1) などとして参照できる．

```
octave:4> a(1,3)
octave:5> a(2,1)
```

の結果から，どの成分を表しているか理解できるだろう．a(1,3) は 1 行 3 列成分を表しているので，a(1,3) = 3 である．特別な表し方として

```
octave:6> a(:,2)
```

がある．":" を "すべての" と読めばよく，「すべての行の 2 列目」というわけで，列ベクトル $\begin{pmatrix} 2 \\ 5 \\ 8 \end{pmatrix}$ が取り出せる．行ベクトルの取り出しも同じようにできる．

行列の積や行列とベクトルの積も計算できる．行列の積を計算するには，もちろん，左の行列の列の数と右の行列の行の数が一致していなければならない．たとえば，

```
octave:7> a1*a
```

は計算できるが，

```
octave:8> a*a1
```

とするとエラーメッセージで，計算できないことを教えてくれる．

6.3.3　微分方程式の解法

微分方程式の初期値問題

$$u'(t) = 3u(t)(2 - u(t))$$

$$u(0) = 1.2$$

を Octave で解くには，次のように一連のコマンドを実行する．

```
octave:1> function udot=f(u,t)
> udot= 3*u*(2-u);
> endfunction;
octave:2> u0=1.2;
```

```
octave:3> t=linspace(0,1,20);
octave:4> u=lsode("f", u0, t);
```
まず，:1 で方程式を記述している．`function udot=f(u,t)` と入力すると > が行頭に現れて，関数の記述が終わっていないことを表示している．次の行が方程式の本体である．`endfunction` と入力すると，関数の記述が完了して，次のコマンドを待つ状態になる．

:2 では初期条件を設定している．行末にセミコロン";"をつけたのは，入力結果の表示を抑制するためである．

次には結果の関数値を計算する t の値を設定する．:3 では，0 から 1 までの間に，両端を含めて等間隔に 20 個の点を指定している．行末のセミコロンを省略するとその値が表示される．個数が多くなるとこのような表示は煩わしいので，表示を抑制するのである．ここまでが準備で，最後に :4 で解 u を求めている．得られた結果を

```
octave:5> u
```
としてみると
```
ans =

    1.2000
    1.3458
     ...
```
と値が表示される．`stdin:` と表示されたら，`enter` キーを押すと残りの値が次々と表示される．`END:` と表示されたら `q` を押して表示を終了させる．このようにして得られた解を**数値解**という．
```
octave:6> t(13), u(13)
```
とすると
```
ans = 0.63158
ans = 1.9703
```
となる．これは，$u(0.63158) = 1.9703$ であることを表している．

このようにして得られた結果は，どのように利用できるだろうか？　まず考えられることは，解 $u(t)$ のグラフを描くことである．

```
octave:7> plot(t,u)
```

とすると別のウィンドウが開いてグラフが描かれる．第4章で述べた変数分離形微分方程式の解曲線は，このようにして描いたものである．解が数式で直接書き表せなくても，このように解曲線のグラフを描くことができる．

2階微分方程式の初期値問題

$$u''(t) + p(t)u'(t) + q(t)u(t) = r(t)$$

$$u(0) = a, \ u'(0) = b$$

は，$x(t) = u(t)$, $y(t) = u'(t)$ とおくと連立微分方程式の初期値問題

$$x'(t) = y(t)$$

$$y'(t) = -p(t)y(t) - q(t)x(t) + r(t)$$

$$x(0) = a, \ y(0) = b$$

と書き換えられる．連立微分方程式の解法についても，考え方は全く同じである．未知関数 $x(t), y(t)$ を列ベクトル x=[x(1);x(2)] として1つの未知関数として扱う．

$$x'(t) = 2x(t) - 3y(t)$$

$$y'(t) = -x(t) + 4y(t)$$

$$x(0) = 1, \ y(0) = 2$$

を解いて，区間 $[0, 50]$ において200個の点での値を求めよう．次のようにすればよい．

```
octave:8> function xdot=g(x,t)
> xdot(1)= 2*x(1)-3*x(2);
> xdot(2)= -x(1)+4*x(2);
> endfunction;
```

```
octave:9> x0=[1;2];
octave:10> t=linspace(0,50,200);
octave:11> x=lsode("g", x0, t);
```
変数 x と xdot が列ベクトルになり，初期値 x0 も列ベクトルになっただけで，基本的には同じコマンドであることを強調したい．

第 4 章で述べたような相平面での解曲線を描くには
```
 octave:12> plot(x(:,1), x(:,2))
```
とする．解 x は
```
x = x(1,1)   x(1,2)
    x(2,1)   x(2,2)
      ...
    x(200,1) x(200,2)
```
の形の行列になっているので，各行を横軸，縦軸の成分とするように点を結ぶと，相平面での解曲線が得られるのである．これに対して
```
octave:13> plot(t,x)
```
とすると t を横軸とする 2 つの解 $x(t), y(t)$ のグラフが描かれる．

前節では ode2 を用いて
$$u'' + tu' + t^2 u = 0$$
を解こうとしたが，うまくいかなかった．初期値 $u(0) = 1, u'(0) = 2$ を与えて数値解を求めてみよう．t の区間と点の個数は以前と同じにしておくので改めて入力する必要はない．
```
octave:14> function xdot=g(x,t)
> xdot(1)= x(2);
> xdot(2)= -t*x(2)-t^2*x(1);
> endfunction;
octave:15> x0=[1;2];
octave:16> x=lsode("g", x0, t);
```
今度は計算できたようである．試しに

```
octave:17> plot(t,x)
```
とすると解 $u(t)$ と導関数 $u'(t)$ のグラフが描かれる．

6.3.4 ファイルの利用

同じようなコマンドを何回も入力することは，面倒であるしミスタイプなど間違いも犯しやすい．

一連のコマンドをファイルに書いておき，実行させると便利である．次のファイルは，微分方程式の初期値問題

$$u' = 3u(2-u)$$

$$u'(0) = 1.2$$

の数値解を求めてそのグラフを表示するものである．1行目の行頭に空白を入れてはいけない．

```
#! /usr/bin/octave
#   sample of ode solver
# -----
function udot=f(u,t)
udot=3*u*(2-u);
endfunction;

u0=1.2;
t=linspace(0,1,20);
u=lsode("f",u0,t);
plot(t,u)
# -------
input("Hit any key to exit.\n");
exit()
```

これをエディタ (KNOPPIX には Emacs をはじめ，強力なエディタが収録されている) で作成して，たとえば `sample1.oct` として保存する．次にシェル画面で

```
$ chmod +x sample1.oct
$ sample1.oct
```
とする.

　グラフが表示され，目的は達成できた．シェル画面で enter キーを押すと元のシェル画面に戻る.

　このファイルの1行目はOctaveを実行するためのコマンドである．#のついた行はコメントで，Octaveの実行には影響しない．ファイルの内容がわかりやすいようにメモを書いておくと便利である．一連のコマンドはこれまでと同じである．最後のinputの部分は，グラフを表示して一旦停止させるためのコマンドである．これがないとグラフが一瞬表示されて，すぐに終了してしまう.

　その他，得られた解の値をファイルに保存したい，ファイルに保存した以前の解の値を再利用したい，得られたグラフをファイルに保存したい，などいろいろなことが必要になってくる．これらについては各自で必要に応じて調べてほしい．たとえば，C言語を知ってるなら，fprintf文がヒントになる．KNOPPIX CDにドキュメントがあり，また，KNOPPIX/Mathのホームページから関連の情報にアクセスできる.

6.3.5 表示桁数と精度

　これまでの出力は，すべて5桁であった．もっと詳しい値が必要になることがあるだろう.

　Octaveの表示桁数は，コマンドoutput_precisionで設定できる．
```
octave:1> output_precision=20
octave:2> 1/2+1/3
```
とすると
```
ans=8.3333333333333325932e-01
```
と表示される．最後のe-01は10^{-1}を表している．3は全部で14個，すべての数字は20個ある．こうして表示は20桁になったが，最後の5桁は本来なら3になっていなければならない部分である，数値も異なっているかもしれない．すな

わち，16桁目からは誤差が生じているのである．数値計算では無限桁を表示できないから，誤差をさけることはできない．コンピュータ (とソフトウェア) によって計算できる最小誤差は定まっている．Octave の最小誤差はコマンド eps で調べられる．この原稿を書くために用いているコンピュータでは，

```
octave:3> eps
 ans = 2.220...e-16
```

となった．すなわち 16 桁目からは誤差に含まれてしまうので，$\dfrac{5}{6}$ を表す小数の最後の 5 桁は本来の 3 にはならなかったのである．

　誤差を含んだ値を用いて和差積商の計算を何回も繰り返すと，誤差がどんどん大きくなる可能性がある．数値計算ではこの誤差評価が重要な問題である．微分方程式の数値解を求めるにあたっても，この誤差評価がなければ表示桁数を大きくしても結果に信頼性が保証されない．

　やさしい定積分を計算して，誤差の問題を考えてみることにしよう．取り上げるのは

$$\int_0^1 t^3 \, dt = \frac{1}{4}$$

である．

　定積分も微分方程式と考えて，lsode で数値を求めることができる．

```
octave:4> function ydot=g(y,t)
> ydot=t^3;
> endfunction;
octave:5> y0=0;
octave:6> t=linspace(0,1,2);
octave:7> y1=lsode("g", y0, t);
```

とすればよい．$y' = t^3$ が微分方程式なのである．初期値は $y(0) = \int_0^0 t^3 \, dt = 0$ を表すことから 0 である．必要なのは $t = 1$ での値だけなので t の個数は少なくしている．結果は

```
octave:8> y1(2)
```

```
ans = 2.5000010156666951922e-01
```
となって，精度は6桁である．lsode コマンドには，精度を指定するオプションがつけられる．誤差の限界を eps の1000倍に指定してみよう．
```
octave:9>lsode_options("absolute tolerance", 1000*eps)
octave:10>y2=lsode("g", y0,t);
```
とすればよい．今度は，y2(2) の値が
```
octave:11> y2(2)
ans = 2.5000000000259275934e-01
```
となり，精度が向上している．誤差の限界値をもっと小さくすると
```
octave:12>lsode_options("absolute tolerance", 10*eps)
octave:13>y3=lsode("g", y0,t);
octave:14>y3(2)
 ans = 2.5000000000034888759e-01
```
と，さらによい結果が得られる．

付　録 A

解答

第 1 章

問題 1.1.1 それぞれ，次の関係式を利用する．(1) $u' = -A\sin t$.
(2) $u' = -A\sin t - t\sin t + \cos t$. (3) $u' = -\dfrac{A}{t^2}e^{\frac{1}{t}}$. (4) $u' = -\dfrac{A}{t^2} + \dfrac{2}{3}t$.

問題 1.1.2 それぞれ，次の関係式を利用する．(1) $u' = A\cos t - B\sin t + t\sin t$, $u'' = -A\sin t - B\cos t + \sin t + t\cos t$. (2) $u' = -Ae^{-t} + 2Be^{2t} - 2$, $u'' = Ae^{-t} + 4Be^{2t}$. (3) $u' = (3At + A + 3B)e^{3t} - \dfrac{3}{4}e^{-3t}$, $u'' = (9At + 6A + 9B)e^{3t} + \dfrac{9}{4}e^{-3t}$. (4) $u' = -(A+2B)e^{-t}\sin 2t + (2A-B)e^{-t}\cos 2t + \dfrac{2t+1}{4}e^{t}$, $u'' = (-3A+4B)e^{-t}\sin 2t - (4A+3B)e^{-t}\cos 2t + \dfrac{2t+3}{4}e^{t}$.

問題 1.1.3 $u_1 = 2t$, $u_2 = 4t^2 - 2$, $u_3 = 8t^3 - 12t$.

問題 1.2.1 $u' = -y'\sin t$, $u'' = y''\sin^2 t - y'\cos t$ を利用する．

問題 1.2.2 $y'' - (a-d)y' - (ad-bc)y = 0$.

1.3—演習問題 A —

問題 1 次の関係式を利用する．(1) $u' = -4te^{-t^2}$. (2) $u' = 4(1+t)e^{t(2+t)}$.
(3) $u' = (-2t^2 - 4t + 1)e^{-t^2}$ (4) $u' = \sin t \log(\cos t) + 2\sin t$.

問題 2 次の関係式を利用する．(1) $u' = -3e^{-2t} + e^t - 1$. (2) $u' = \dfrac{4}{5}e^{4t} - \dfrac{3}{2}e^{-2t} - \dfrac{3}{2}e^{2t} + \dfrac{1}{5}e^{-t}$. (3) $u' = \dfrac{1}{4}e^t - \dfrac{1}{2}te^t - \dfrac{1}{4}e^{-t} + \dfrac{1}{2}t^2 e^t$.

(4) $u' = \left(\dfrac{2\sqrt{3}}{3}\sin\dfrac{\sqrt{3}}{2}t - 2\cos\dfrac{\sqrt{3}}{2}t\right)e^{-\frac{t}{2}} + e^t$.

問題 3 いずれの関数も $u'' + \omega^2 u = 0$ の形の微分方程式の解である．境界条件をみたすことは，三角関数の性質による．

1.3—演習問題 B —

問題 1 いずれの生物も (たとえば別の餌を摂って) 独自に増殖するが，互いに相手を嫌っていて，相手の数が多いと増殖が妨げられる．

第 2 章 この章では A, B は任意定数を表す．

問題 2.1.1 (1) $u = Ae^{-2t}$. (2) $u = Ae^{3t}$. (3) $u = Ae^{-2t} + \dfrac{1}{3}e^t$.
(4) $u = Ae^{3t} - \dfrac{1}{3}\left(t + \dfrac{1}{3}\right)$.

問題 2.1.2 (1) $u = e^{4t}$. (2) $2e^{-t}$. (3) $u = \dfrac{1}{6}\left(e^{4t} - e^{-2t}\right)$.
(4) $u = \dfrac{3}{2}e^{-t} + \dfrac{1}{2}(\cos t + \sin t)$.

問題 2.1.3 (1) $u = Ae^{t^2}$. (2) $u = \dfrac{A}{t}$. (3) $u = Ae^{t^2} - \dfrac{1}{2}$.
(4) $u = \dfrac{A}{t} + \dfrac{1}{t}\left(te^t - e^t\right) = \dfrac{A}{t} + e^t\left(1 - \dfrac{1}{t}\right)$.

問題 2.1.4 (1) $u = \cos t$. (2) $u = t^2 + 1$. (3) $u = 3\cos t - 2\cos^2 t$.
(4) $u = t(t^2 + 1)$.

問題 2.1.5 実際に (2.4) に代入して計算すればよい．なお，定理 2.2 を参照せよ．

問題 2.1.6 実際に (2.3) に代入して計算すればよい．なお，定理 2.4 を参照せよ．

問題 2.2.1 (1) $u_1 = e^t, u_2 = e^{-2t}$. (2) $u_1 = 1, u_2 = e^{4t}$.
(3) $u_1 = e^t, u_2 = e^{-\frac{t}{2}}$. (4) $u_1 = e^{\frac{t}{2}}, u_2 = e^{-\frac{2}{3}t}$.

問題 2.2.2 (1) $u_1 = e^{-3t}, u_2 = te^{-3t}$. (2) $u_1 = 1, u_2 = t$.
(3) $u_1 = e^{\frac{t}{2}}, u_2 = te^{\frac{t}{2}}$. (4) $u_1 = e^{-\frac{3}{2}t}, u_2 = te^{-\frac{3}{2}t}$.

問題 2.2.3 (1) $u_1 = e^{2t}\cos 3t$, $u_2 = e^{2t}\sin 3t$. (2) $u_1 = \cos 2t$, $u_2 = \sin 2t$.
(3) $u_1 = e^{-\frac{t}{2}}\cos\frac{\sqrt{3}}{2}t$, $u_2 = e^{-\frac{t}{2}}\sin\frac{\sqrt{3}}{2}t$. (4) $u_1 = e^{\frac{t}{2}}\cos\frac{3}{2}t$, $u_2 = e^{\frac{t}{2}}\sin\frac{3}{2}t$.

問題 2.3.1 (1) $u = \dfrac{1}{3}e^{2t} + \dfrac{2}{3}e^{-t}$. (2) $u = te^{2t}$. (3) $u = e^{-t}(\cos t + 2\sin t)$.

問題 2.4.1 (1) $u = Ae^{3t} + Be^{-t} - \dfrac{1}{3}\left(2t - \dfrac{7}{3}\right)$. (2) $u = Ae^{-2t} + Bte^{-2t} - \dfrac{1}{4}(t-1)$. (3) $u = A\cos 3t + B\sin 3t + \dfrac{1}{3}(t+1)$. (4) $u = Ae^{-t} + Be^{-5t} - \dfrac{2}{5}$.

問題 2.4.2 (1) $u = Ae^{6t} + Be^{-2t} - \dfrac{1}{15}e^{3t}$. (2) $u = Ae^{-4t} + Bte^{-4t} + \dfrac{1}{3}e^{-t}$.
(3) $u = e^{3t}(A\cos t + B\sin t) + e^{2t}$. (4) $u = Ae^{2t} + Be^{-2t} - \dfrac{1}{3}(e^t + e^{-t})$.

問題 2.4.3 (1) $u = Ae^{3t} + Be^{-5t} + \dfrac{1}{8}te^{3t}$. (2) $u = Ae^{3t} + Be^{-5t} - \dfrac{1}{8}te^{-5t}$.
(3) $u = Ae^t + Be^{-2t} + te^t$. (4) $u = Ae^t + Be^{-t} + te^t - \dfrac{1}{3}e^{-2t}$.

問題 2.4.4 (1) $u = Ae^t + Be^{-2t} + \dfrac{1}{10}(\sin t - 3\cos t)$.
(2) $u = Ae^t + Be^{-2t} + \dfrac{1}{10}(\cos t - 7\sin t)$. (3) $u = Ae^{-2t} + Bte^{-2t} - \dfrac{3}{8}\cos 2t$.
(4) $u = e^t(A\cos 2t + B\sin 2t) - \dfrac{1}{26}(5\cos 3t + \sin 3t)$.

2.5 — 演習問題 A —

問題 1 (1) $u = Ae^{2t}$. (2) $u = Ae^{-3t}$. (3) $u = Ae^{-\frac{t}{2}}$. (4) $u = Ae^{2t} - t - \dfrac{1}{2}$.
(5) $u = Ae^{-3t} + e^t$. (6) $u = (A + \dfrac{t}{2})e^{-\frac{3}{2}t}$.

問題 2 (1) $u = Ae^{-\frac{(t+1)^2}{4}}$ または $u = Ae^{-\frac{t^2}{4} - \frac{t}{2}}$. (2) $u = A(t-2)^{\frac{1}{3}}$.
(3) $u = At^t e^{-t}$. (4) $\dfrac{1}{t+1}(A - (t+1)\cos t + \sin t)$. (5) $(A - e^{-t})e^{-t(t-1)}$.
(6) $u = \dfrac{1}{1+t^2}\left(t^4 + 2t^2 + A\right)$.

問題 3 (1) $u = 3e^{-\frac{t}{2}}$. (2) $u = -e^{t^2}$. (3) $u = (t^2 + 3)e^{3t}$.
(4) $u = \dfrac{1}{t-2}(\cos 2t + 2(t-2)\sin 2t)$. (5) $u = e^t$.
(6) $u = (5 - e^{1-t})e^{-t(t-1)}$.

問題 4 (1) $u = A\cos\dfrac{t}{2} + B\sin\dfrac{t}{2}$. (2) $u = Ae^{\frac{t}{2}} + Be^{-\frac{t}{2}}$. (3) $u = Ae^{(2+\sqrt{2})t} + Be^{(2-\sqrt{2})t}$. (4) $u = (A + tB)e^{\frac{t}{2}}$. (5) $u = A + Be^{\frac{4}{3}t}$. (6) $u = Ae^{t} + Be^{\frac{t}{3}}$.

問題 5 (1) $u = Ae^{\sqrt{3}t} + Be^{-\sqrt{3}t} - t^2 - \dfrac{2}{3}$. (2) $u = Ae^{-4t} + \left(B + \dfrac{1}{3}t^2 - \dfrac{t}{9}\right)e^{2t}$.

(3) $u = A\cos kt + B\sin kt + \dfrac{\cos\omega t}{k^2 - \omega^2}$. (4) $u = A\cos kt + B\sin kt + \dfrac{t\sin kt}{2k}$.

(5) $u = (A + Bt)e^t + \dfrac{1}{2}(t\cos t + \cos t - \sin t)$.

(6) $u = e^{\frac{t}{2}}\left(A\cos\dfrac{t}{2} + B\sin\dfrac{t}{2}\right) + 2t^2 + 8t + 9$.

問題 6 (1) $u = \dfrac{1}{5}e^{3t} + \dfrac{4}{5}e^{-2t}$. (2) $u = \dfrac{1}{2}\sin 2t - \cos 2t$. (3) $u = -e^{-t}$.

(4) $u = \dfrac{2}{5}e^{-2t} + \left(\dfrac{3}{5} + t\right)e^{3t}$. (5) $u = \dfrac{5}{8}\sin 2t + \dfrac{\pi}{4}\cos 2t - \dfrac{t}{4}\cos 2t$.

(6) $u = e^{\frac{3}{2}t} + \dfrac{1}{2}e^{-t} - \dfrac{1}{2}$.

2.5 — 演習問題 B —

問題 1 (1) $u = \dfrac{mg}{k} - \dfrac{mg - kv_0}{k}e^{-\frac{k}{m}t}$. (2) $\dfrac{mg}{k}$ (注) この微分方程式は，質量 m の質点が，重力 (g は重力加速度) によって落下する運動を表している．$u(t)$ は質点の速度で，ku は落下の際に速度に比例する摩擦力を受けていることを表している．時間が十分経過した後のこの質点の速度が $\displaystyle\lim_{t\to\infty} u(t) = \dfrac{mg}{k}$ と求められたのである．

問題 2 (1) 微分方程式の一般解は $u = A\cos kt + B\sin kt$ で，$u(0) = 0$ より $A = 0$ となる．$u(\pi) = 0$ から $\sin k\pi = 0$ なので，$k = 1, 2, \cdots, n, \cdots$ のときのみ 0 でない解をもつことがわかる．このような k を (∗) の固有値という．(2) このとき，解は $u_k = \sin kt$ とその重ね合わせで得られる．すなわち，任意個数の係数 $A_1, A_2, \cdots, A_n$ に対して $u = \displaystyle\sum_{k=1}^{n} A_k \sin kt$ が解となる．

問題 3 (1) $u_2(t) = A(t)e^{\lambda t}$ とおくと $u_2' = (A'(t) + \lambda A(t))e^{\lambda t}$, $u_2'' = (A''(t) + 2\lambda A'(t) + \lambda^2 A(t))e^{\lambda t}$ なので微分方程式に代入して $(\lambda^2 + a\lambda + b)A(t)e^{\lambda t} + (2\lambda + a)A'(t)e^{\lambda t} + A''(t)e^{\lambda t} = 0$ が得られる．λ が特性方程式の重解だから

$\lambda^2 + a\lambda + b = 0, 2\lambda + a = 0$ が成り立つので，$A''(t) = 0$ が得られる．
(2) $A''(t) = 0$ より $A(t) = Bt + C$ である．したがって，$u_2(t) = (Bt + C)e^{\lambda t}$ となるが，$Ce^{\lambda t}$ は $u_1(t)$ の定数倍で表されるので，$u_2(t) = Bte^{\lambda t}$ が求める解である．

第 3 章 この章では C, D は任意定数を表す．
問題 3.1.1(1) $u_1 = Ce^{-t} + De^{-2t}, u_2 = Ce^{-t} + \dfrac{3}{2}De^{-2t}$.
(2) $u_1 = Ce^{3t} + De^{5t}, u_2 = Ce^{3t} + 2De^{5t}$.
問題 3.1.2(1) $u_1 = -e^{-t} + 2e^{-2t}, u_2 = -e^{-t} + 3e^{-2t}$.
(2) $u_1 = 7e^{3t} - 4e^{5t}, u_2 = 7e^{3t} - 8e^{5t}$.
問題 3.1.3(1) $\lambda = -1$ と $\begin{pmatrix} 1 \\ 1 \end{pmatrix}$, $\lambda = -2$ と $\begin{pmatrix} 2 \\ 3 \end{pmatrix}$. (2) $\lambda = 3$ と $\begin{pmatrix} 1 \\ 1 \end{pmatrix}$, $\lambda = 5$ と $\begin{pmatrix} 1 \\ 2 \end{pmatrix}$.

問題 3.2.1 実際に代入して計算すればよい．たとえば $u_1' = Cx_1\lambda_1 e^{\lambda_1 t} + Dx_2\lambda_2 e^{\lambda_2 t}$ である．さらに係数行列 A と固有値，固有ベクトルの関係を用いる．
問題 3.2.2 固有ベクトルの選び方で，解の表現は異なる．
(1) $\begin{pmatrix} u_1 \\ u_2 \end{pmatrix} = C\begin{pmatrix} 1 \\ 1 \end{pmatrix}e^{-t} + D\begin{pmatrix} 2 \\ 3 \end{pmatrix}e^{-2t}$. (2) $\begin{pmatrix} u_1 \\ u_2 \end{pmatrix} = C\begin{pmatrix} 1 \\ 1 \end{pmatrix}e^{4t} + D\begin{pmatrix} 9 \\ 2 \end{pmatrix}e^{-3t}$.
(3) $\begin{pmatrix} u_1 \\ u_2 \end{pmatrix} = C\begin{pmatrix} 1 \\ 2 \end{pmatrix} + D\begin{pmatrix} 1 \\ 3 \end{pmatrix}e^{-t}$. (4) $\begin{pmatrix} u_1 \\ u_2 \end{pmatrix} = C\begin{pmatrix} 1 \\ 1 \end{pmatrix}e^{3t} + D\begin{pmatrix} 1 \\ 2 \end{pmatrix}e^{5t}$.
問題 3.2.3 固有ベクトルの選び方で，解の表現は異なる．(1) 固有値は $\lambda = -2 \pm 3i$. $\lambda = -2 + 3i$ に対応する固有ベクトル $\begin{pmatrix} -2 \\ 1 + 3i \end{pmatrix}$ により，$\begin{pmatrix} u_1 \\ u_2 \end{pmatrix} = \left\{ C\begin{pmatrix} -2 \\ 1 \end{pmatrix} + D\begin{pmatrix} 0 \\ 3 \end{pmatrix} \right\} e^{-2t}\cos 3t + \left\{ D\begin{pmatrix} -2 \\ 1 \end{pmatrix} - C\begin{pmatrix} 0 \\ 3 \end{pmatrix} \right\} e^{-2t}\sin 3t$.
(2) $\begin{pmatrix} u_1 \\ u_2 \end{pmatrix} = \left\{ C\begin{pmatrix} 2 \\ -1 \end{pmatrix} + D\begin{pmatrix} 1 \\ 0 \end{pmatrix} \right\} e^{4t}\cos t + \left\{ D\begin{pmatrix} 2 \\ -1 \end{pmatrix} - C\begin{pmatrix} 1 \\ 0 \end{pmatrix} \right\} e^{4t}\sin t$.
(3) $\begin{pmatrix} u_1 \\ u_2 \end{pmatrix} = \left\{ C\begin{pmatrix} 2 \\ -1 \end{pmatrix} + D\begin{pmatrix} 1 \\ 0 \end{pmatrix} \right\} \cos 2t + \left\{ D\begin{pmatrix} 2 \\ -1 \end{pmatrix} - C\begin{pmatrix} 1 \\ 0 \end{pmatrix} \right\} \sin 2t$.
(4) $\begin{pmatrix} u_1 \\ u_2 \end{pmatrix} = \left\{ C\begin{pmatrix} 2 \\ 3 \end{pmatrix} + D\begin{pmatrix} 0 \\ \sqrt{5} \end{pmatrix} \right\} e^{2t}\cos\sqrt{5}t + \left\{ D\begin{pmatrix} 2 \\ 3 \end{pmatrix} - C\begin{pmatrix} 0 \\ \sqrt{5} \end{pmatrix} \right\} e^{2t}\sin\sqrt{5}t$

問題 3.3.1 (1) $\begin{pmatrix}u_1\\u_2\end{pmatrix} = C\begin{pmatrix}3\\4\end{pmatrix}e^{-2t} + D\begin{pmatrix}1\\1\end{pmatrix}e^{-3t}$, (図 3.2). (2) $\begin{pmatrix}u_1\\u_2\end{pmatrix} = C\begin{pmatrix}3\\2\end{pmatrix}e^{t} + D\begin{pmatrix}3\\1\end{pmatrix}e^{4t}$, (図 3.1). (3) $\begin{pmatrix}u_1\\u_2\end{pmatrix} = C\begin{pmatrix}5\\2\end{pmatrix}e^{2t} + D\begin{pmatrix}1\\1\end{pmatrix}e^{-t}$, (図 3.3).
(4) $\begin{pmatrix}u_1\\u_2\end{pmatrix} = C\begin{pmatrix}-3\\1\end{pmatrix}e^{-3t} + D\begin{pmatrix}1\\-2\end{pmatrix}e^{2t}$, (図 3.3).

問題 3.3.2 (1) $\begin{pmatrix}u_1\\u_2\end{pmatrix} = \left\{C\begin{pmatrix}1\\1\end{pmatrix} + D\begin{pmatrix}1\\0\end{pmatrix}\right\}e^{3t}\cos t$
$+ \left\{D\begin{pmatrix}1\\1\end{pmatrix} - C\begin{pmatrix}1\\0\end{pmatrix}\right\}e^{3t}\sin t$, (図 3.5).
(2) $\begin{pmatrix}u_1\\u_2\end{pmatrix} = \left\{C\begin{pmatrix}1\\-1\end{pmatrix} + D\begin{pmatrix}0\\1\end{pmatrix}\right\}e^{-t}\cos 2t + \left\{D\begin{pmatrix}1\\-1\end{pmatrix} - C\begin{pmatrix}0\\1\end{pmatrix}\right\}e^{-t}\sin 2t$, (図 3.6).
(3) $\begin{pmatrix}u_1\\u_2\end{pmatrix} = \left\{C\begin{pmatrix}2\\-1\end{pmatrix} + D\begin{pmatrix}0\\3\end{pmatrix}\right\}\cos 3t + \left\{D\begin{pmatrix}2\\-1\end{pmatrix} - C\begin{pmatrix}0\\3\end{pmatrix}\right\}\sin 3t$, (図 3.4).
(4) $\begin{pmatrix}u_1\\u_2\end{pmatrix} = \left\{C\begin{pmatrix}3\\-2\end{pmatrix} + D\begin{pmatrix}0\\\sqrt{5}\end{pmatrix}\right\}\cos\sqrt{5}t + \left\{D\begin{pmatrix}3\\-2\end{pmatrix} - C\begin{pmatrix}0\\\sqrt{5}\end{pmatrix}\right\}\sin\sqrt{5}t$,
(図 3.4).

3.4—演習問題 A —

問題 1 いずれも実数の固有値をもち，それらが正であるから，解曲線は 図 3.1 のパターンである．固有ベクトルの選び方で，解の表示は異なる．
(1) $\begin{pmatrix}u_1\\u_2\end{pmatrix} = C\begin{pmatrix}2\\-1\end{pmatrix}e^{t} + D\begin{pmatrix}3\\-2\end{pmatrix}e^{2t}$. (2) $\begin{pmatrix}u_1\\u_2\end{pmatrix} = C\begin{pmatrix}5\\-2\end{pmatrix}e^{6t} + D\begin{pmatrix}0\\1\end{pmatrix}e^{t}$.
(3) $\begin{pmatrix}u_1\\u_2\end{pmatrix} = C\begin{pmatrix}1\\-2\end{pmatrix}e^{4t} + D\begin{pmatrix}3\\-2\end{pmatrix}e^{8t}$. (4) $\begin{pmatrix}u_1\\u_2\end{pmatrix} = C\begin{pmatrix}1\\-1\end{pmatrix}e^{3t} + D\begin{pmatrix}1\\-3\end{pmatrix}e^{5t}$.

問題 2 いずれも実数の固有値をもち，それらが負であるから，解曲線は 図 3.2 のパターンである．固有ベクトルの選び方で，解の表示は異なる．
(1) $\begin{pmatrix}u_1\\u_2\end{pmatrix} = C\begin{pmatrix}3\\-5\end{pmatrix}e^{-t} + D\begin{pmatrix}1\\-1\end{pmatrix}e^{-3t}$. (2) $\begin{pmatrix}u_1\\u_2\end{pmatrix} = C\begin{pmatrix}1\\-1\end{pmatrix}e^{-2t} + D\begin{pmatrix}2\\-3\end{pmatrix}e^{-t}$.
(3) $\begin{pmatrix}u_1\\u_2\end{pmatrix} = C\begin{pmatrix}2\\-3\end{pmatrix}e^{-2t} + D\begin{pmatrix}0\\1\end{pmatrix}e^{-4t}$. (4) $\begin{pmatrix}u_1\\u_2\end{pmatrix} = C\begin{pmatrix}5\\7\end{pmatrix}e^{-3t} + D\begin{pmatrix}1\\1\end{pmatrix}e^{-5t}$.

問題 3 いずれも実数の固有値をもち，それらが異符号であるから，解曲線は 図 3.3 のパターンである．固有ベクトルの選び方で，解の表示は異なる．

(1) $\begin{pmatrix} u_1 \\ u_2 \end{pmatrix} = C \begin{pmatrix} -2 \\ 1 \end{pmatrix} e^{-2t} + D \begin{pmatrix} 1 \\ 1 \end{pmatrix} e^t$. (2) $\begin{pmatrix} u_1 \\ u_2 \end{pmatrix} = C \begin{pmatrix} 3 \\ -2 \end{pmatrix} e^{2t} + D \begin{pmatrix} 1 \\ -1 \end{pmatrix} e^{-t}$.
(3) $\begin{pmatrix} u_1 \\ u_2 \end{pmatrix} = C \begin{pmatrix} 4 \\ -1 \end{pmatrix} e^{3t} + D \begin{pmatrix} 0 \\ 1 \end{pmatrix} e^{-5t}$. (4) $\begin{pmatrix} u_1 \\ u_2 \end{pmatrix} = C \begin{pmatrix} 1 \\ 1 \end{pmatrix} e^{-5t} + D \begin{pmatrix} 3 \\ -2 \end{pmatrix} e^{10t}$.

3.4 — 演習問題 B —

問題 1 いずれも複素数の固有値をもつ．(2), (4) は実部が正であるから解曲線は 図 3.5 のパターンである．(1), (3) は実部が負であるから解曲線は 図 3.6 のパターンである．ここでは，解を成分で表示しておく．ベクトルでの表示と同じであることを確認してほしい．

(1) $u_1 = Ce^{-2t}\cos t + De^{-2t}\sin t$, $u_2 = -Ce^{-2t}\sin t + De^{-2t}\cos t$.
(2) $u_1 = e^{2t}\left(C\cos\sqrt{3}t + D\sin\sqrt{3}t\right)$, $u_2 = \sqrt{3}e^{2t}\left(C\sin\sqrt{3}t - D\cos\sqrt{3}t\right)$.
(3) $u_1 = 2e^{-t}\left(C\cos 2t + D\sin 2t\right)$,
$u_2 = e^{-t}\left((C+D)\cos 2t - (C-D)\sin 2t\right)$.
(4) $u_1 = \sqrt{2}e^{3t}\left(C\cos\sqrt{2}t + D\sin\sqrt{2}t\right)$,
$u_2 = e^{3t}\left(\left(\sqrt{2}C+D\right)\cos\sqrt{2}t + \left(\sqrt{2}D-C\right)\sin\sqrt{2}t\right)$.

問題 2 いずれも固有値は純虚数で，解曲線は図 3.4 のように，楕円軌道を描く．解を成分で表示する．(1) $u_1 = -C\sin 2t + D\cos 2t$, $u_2 = -C\cos 2t - D\sin 2t$.
(2) $u_1 = -2C\cos 3t - 2D\sin 3t$, $u_2 = (C+3D)\cos 3t + (-3C+D)\sin 3t$.

問題 3 実際に $\boldsymbol{w}(t)$ を微分して，方程式に代入すれば確かめられる．

問題 4 (i) $u_1' = u' = u_2$, $u_2' = u'' = -au' - bu = -au_2 - bu_1$ による．
(ii) $\begin{vmatrix} \lambda & -1 \\ b & \lambda + a \end{vmatrix} = \lambda^2 + a\lambda + b$ による．
(iii) 連立 1 次方程式 $\begin{pmatrix} \lambda_1 & -1 \\ b & \lambda_1 + a \end{pmatrix} \begin{pmatrix} x \\ y \end{pmatrix} = \begin{pmatrix} 0 \\ 0 \end{pmatrix}$ を解けばよい．
(iv) $u_1(t) = Ce^{\lambda_1 t} + De^{\lambda_2 t} = u(t)$ である．

第 4 章

問題 4.1.1 (1) $u = \dfrac{Ae^{2t}}{1 - Ae^{2t}}$. (2) $u = \dfrac{1}{\cos t + A}$. (3) $u^2 + t^2 = A$.

(4) $u = \dfrac{A}{t+1} - 1$.

問題 4.1.2 (1) $u = \dfrac{3}{3 - 2e^{t^2}}$. (2) $u = \tan t$. (3) $u = \dfrac{1}{\log(1 + t^2) + 1}$.

(4) $u = \dfrac{1}{2}(1 + e^{-2t})$.

問題 4.2.1 (1) $u = \dfrac{u_0 e^t}{1 + (e^t - 1)u_0}$. (2) $u = \dfrac{e^t}{1 + e^t}$, $u = 1$, $u = \dfrac{3e^t}{3e^t - 1}$.

(3) 次の図のように，解はベクトル場に沿った曲線になっている．

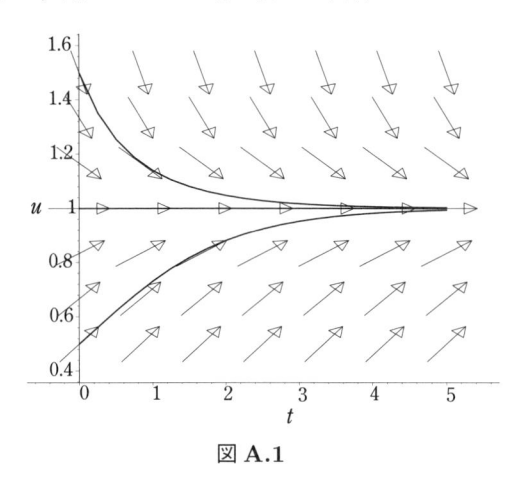

図 **A.1**

4.4– 演習問題 A

問題 1 (1) $u = \dfrac{1}{t^2 + A}$. (2) $u = \sin(t + A)$. (3) $u = \log\left(\sqrt{1 + t^2} + A\right)$.

(4) $u^2 = \dfrac{1}{e^{\sin t} + A}$.

問題 2 (1) $u(t) = tv(t)$ を微分すればよい．(2) $v = \dfrac{u}{t}$, $u' = v + tv'$ を (4.5) に代入すると $v' = \dfrac{f(v) - v}{t}$ が得られる．これは変数分離形である．

(3) (i) $u^2 + 2t^2 = At^4$. (ii) $u^2 - ut + t^2 = A$.

問題 3 (1) それぞれ $u' = pu + q$, $u' = (p + q)u$ となり，線形微分方程式である．(2) $v = u^{1-\alpha}$ を微分して $v' = (1 - \alpha)u^{-\alpha}u'$ である．これを $\dfrac{u'}{u^\alpha} = \dfrac{v'}{1 - \alpha}$ と書いて，(4.6) を u^α でわった方程式に代入すると $v' = (1 - \alpha)pv + (1 - \alpha)q$

が得られる．これは線形微分方程式である．(3) (i) $u = \dfrac{1}{Ae^{-t} + 1 - t}$．
(ii) $u^2 = \dfrac{t}{e^{t^2} + A}$．

第 5 章

問題 5.2.1 (1) $u = -e^t$. (2) $u = -e^{2t}$. (3) $u = te^{-2t}$. (4) $\dfrac{-1+i}{2}e^{-t}$.

問題 5.2.2 (1) $u = \dfrac{1}{13}e^{3t}$. (2) $u = e^{-t}$. (3) $u = -\dfrac{1}{13}e^{3t} + 2e^{-t}$.
(4) $u = \dfrac{1}{2}(-\dfrac{1}{3}e^{2t} + \dfrac{1}{17}e^{-2t})$.

問題 5.2.3 (1) $u = \dfrac{1}{4}te^{3t}$. (2) $u = -\dfrac{2}{3}te^{-t} - \dfrac{1}{10}e^{4t}$. (3) $u = \dfrac{1}{2}t^2 e^{-3t}$.
(4) $u = \dfrac{1}{4}t\cosh 2t$.

問題 5.2.4 (1) $u = -\dfrac{1}{13}(3\cos 2t - 2\sin 2t)$. (2) $u = -\dfrac{1}{13}(7\cos 2t - 9\sin 2t)$.
(3) $u = \dfrac{1}{13}e^t(2\cos t + 3\sin t)$. (4) $u = -\dfrac{1}{2}t\cos t$.

問題 5.2.5 (1) $u = 2t^2 - 7t + 11$. (2) $u = -\dfrac{1}{3}\left(2t^2 - \dfrac{5}{3}t + \dfrac{31}{9}\right)$.
(3) $u = -\dfrac{1}{3}\left(2t^2 - \dfrac{17}{3}t + \dfrac{82}{9}\right)$. (4) $u = 2t^2 - 7t + 7$.

問題 5.2.6 (1) $u = \dfrac{1}{3}(3t - 4)e^{2t}$. (2) $u = (t-1)e^t$.

問題 5.3.1 (1) $\boldsymbol{u}_1 = \begin{pmatrix} 2 \\ -2 \end{pmatrix} e^t$, $\boldsymbol{u}_2 = \begin{pmatrix} 1 \\ 0 \end{pmatrix} e^t + \begin{pmatrix} 2 \\ -2 \end{pmatrix} te^t$. (2) $\boldsymbol{u}_1 = \begin{pmatrix} 3 \\ 3 \end{pmatrix} e^{-2t}$,
$\boldsymbol{u}_2 = \begin{pmatrix} 1 \\ 0 \end{pmatrix} e^{-2t} + \begin{pmatrix} 3 \\ 3 \end{pmatrix} te^{-2t}$. (3) $\boldsymbol{u}_1 = \begin{pmatrix} 2 \\ -1 \end{pmatrix} e^{3t}$, $\boldsymbol{u}_2 = \begin{pmatrix} 1 \\ 0 \end{pmatrix} e^{3t} + \begin{pmatrix} 2 \\ -1 \end{pmatrix} te^{3t}$.
(4) $\boldsymbol{u}_1 = \begin{pmatrix} 1 \\ -2 \end{pmatrix}$, $\boldsymbol{u}_2 = \begin{pmatrix} 0 \\ 1 \end{pmatrix} + \begin{pmatrix} 1 \\ -2 \end{pmatrix} t$.

索　引

■ あ 行
1階線形微分方程式, 17
一般解, 5, 24
エネルギーの減衰, 6
エルミートの多項式, 4, 65
エルミートの微分方程式, 4, 66
オイラーの定数, 72
オイラー法, 58

■ か 行
解, 1, 4
　　微分方程式の—, 4
階数低下法, 69
化学反応, 11

基本解, 22
境界条件, 5
境界値問題, 5
共鳴現象, 32
近似解, 57
決定方程式, 68
固有値, 38
固有ベクトル, 38

■ さ 行
指数関数, 1
　　複素数の—, 1
常微分方程式, 4
初期条件, 5

初期値問題, 5
正規形, 53
斉次方程式, 17, 21
生物の競争モデル, 10
積分曲線, 56
相平面, 44

■ た 行
定数係数2階線形微分方程式, 21
定数変化法, 18
電気回路, 8
同次形微分方程式, 62
解く
　　微分方程式を—, 4
特殊解, 5
特性方程式, 22
特解, 5

■ な 行
ニュートンの運動方程式, 7

■ は 行
バクテリアの増殖, 7
梁のたわみ, 9
非斉次方程式, 18, 21
微分演算子, 74
微分方程式, 1, 4
　　1階線形—, 17

エルミートの—, 4, 66
斉次—, 17, 21
定数係数2階線形—, 21
同次形—, 62
非斉次—, 18, 21
ベッセルの—, 67
ベルヌーイの—, 62
変数分離形—, 53
ラゲールの—, 3, 63
連立—, 39
複素数, 1
複利預金, 6
ベクトル場, 44, 55
ベッセル関数, 68, 72, 73
　　第1種—, 68, 73
　　第2種—, 72
ベッセルの微分方程式, 67
ベルヌーイの微分方程式, 62
変数分離形, 53
偏微分方程式, 4
放射性元素の崩壊, 5

■ ら 行
ラゲールの多項式, 3, 63
ラゲールの微分方程式, 3, 63
連立微分方程式, 39

山田直記　福岡大学理学部応用数学科
田中尚人　福岡大学理学部応用数学科

理工系のための　実践的微分方程式

2007 年 11 月 20 日　第 1 版　第 1 刷　発行
2022 年　2 月 25 日　第 1 版　第 4 刷　発行

　　　著　者　　山　田　直　記
　　　　　　　　田　中　尚　人
　　　発行者　　発　田　和　子
　　　発行所　　株式会社　学術図書出版社

〒113-0033　東京都文京区本郷 5 丁目 4 の 6
TEL 03-3811-0889　　振替 00110-4-28454
　　　　　　　　　　印刷　三松堂印刷 (株)

定価はカバーに表示してあります．

本書の一部または全部を無断で複写 (コピー)・複製・転載することは，著作権法でみとめられた場合を除き，著作者および出版社の権利の侵害となります．あらかじめ，小社に許諾を求めて下さい．

ⓒ 2007　N.YAMADA, N.TANAKA　Printed in Japan
ISBN978-4-7806-0074-2　C3041